"国家级一流本科课程"配套教材系列

C/C++程序设计
习题解析

黄龙军 编著

清华大学出版社
北京

内 容 简 介

本书是主教材《C/C++程序设计》(黄龙军编著,清华大学出版社出版)的配套习题解析,针对主教材的绪论、程序设计基础知识、程序控制结构、数组、函数、结构体、指针和链表等 8 章的课后习题进行解析,同时提供编程题的 C++风格和 C 风格代码,有助于培养学生的计算思维,分析、解决具体问题的能力及创新能力。

本书以问题求解为主线,可作为高等学校计算机类、电子信息类及自动化类等专业学生的"高级语言""C 语言程序设计""C++过程化程序设计"等课程的配套教材,也可以作为 C/C++语言自学者、开发者的入门参考书,对开设 C/C++语言程序设计等课程的教师也有一定的参考作用。

本书封面贴有清华大学出版社防伪标签,无标签者不得销售。
版权所有,侵权必究。举报: 010-62782989,beiqinquan@tup.tsinghua.edu.cn。

图书在版编目(CIP)数据

C/C++程序设计习题解析 / 黄龙军编著. —北京:清华大学出版社,2023.12
"国家级一流本科课程"配套教材系列
ISBN 978-7-302-65070-6

Ⅰ.①C… Ⅱ.①黄… Ⅲ.①C 语言-程序设计-高等学校-教学参考资料 Ⅳ.①TP312.8

中国国家版本馆 CIP 数据核字(2023)第 233130 号

责任编辑:闫红梅
封面设计:刘　键
责任校对:王勤勤
责任印制:丛怀宇

出版发行:清华大学出版社
　　　　　网　　　址:https://www.tup.com.cn,https://www.wqxuetang.com
　　　　　地　　　址:北京清华大学学研大厦 A 座　　邮　　编:100084
　　　　　社　总　机:010-83470000　　　　　　　　邮　　购:010-62786544
　　　　　投稿与读者服务:010-62776969,c-service@tup.tsinghua.edu.cn
　　　　　质　量　反　馈:010-62772015,zhiliang@tup.tsinghua.edu.cn
　　　　　课　件　下　载:https://www.tup.com.cn,010-83470236
印 装 者:三河市铭诚印务有限公司
经　　销:全国新华书店
开　　本:185mm×260mm　　印　张:13　　字　数:319 千字
版　　次:2023 年 12 月第 1 版　　　　　　　　印　次:2023 年 12 月第 1 次印刷
印　　数:1~1500
定　　价:39.00 元

产品编号:104081-01

前　言

我国已进入中国特色社会主义建设新时代，全国各族人民正为全面推进中华民族伟大复兴而团结奋斗。青年强，则国家强。广大青年学子宜自信自强、守正创新，踔厉奋发、勇毅前行。作为计算机相关领域的青年学子，应学好C/C++程序设计相关知识，积极成长为创新型人才，进而成为德智体美劳全面发展的社会主义建设者和接班人。

本书是第二批"国家级线上线下混合式一流本科课程"配套教材《C/C++程序设计》和《大学生程序设计竞赛入门——C/C++程序设计（微课视频版）》的学习辅导用书，针对《C/C++程序设计》的绪论、程序设计基础知识、程序控制结构、数组、函数、结构体、指针和链表等8章的课后习题进行解析，可与《C/C++程序设计》一起使用。当然，同一道编程题可能有不同的求解思路和方法，本书给出的参考答案与读者实现的代码可能不同，读者可在阅读本书代码前自行思考求解思路和方法并编程实现，再对照书中代码进行对比分析。

《C/C++程序设计》立足于在线测评系统（Online Judge，OJ），以 OJ 上的问题为载体和核心，把对问题的分析和求解作为主线，简化了语法和理论知识的讲解，注重运用知识求解具体问题。《C/C++程序设计》以问题为导向，适合学生针对 OJ 问题进行探究式学习，注重培养学生的计算思维及编程求解具体问题的能力。《C/C++程序设计》编程习题较多，有些题目对于初学者而言难度较大，本书的配套使用将有助于读者更有效地学习基于 C/C++语言的过程化程序设计的知识和方法。

本书中的编程习题主要来自绍兴文理学院原有 OJ，这离不开绍兴文理学院程序设计类课程组教师历年来的辛勤工作，在此表示衷心感谢！书中部分编程习题参考或改编自杭州电子科技大学 OJ（简称 HDOJ）和浙江工业大学 OJ（简称 ZJUTOJ）等 OJ 上的题目，在此对出题者及相关的老师们、同学们表示由衷的感谢！

在编写本书的过程中，作者参阅了一些 C/C++程序设计语言方面的教材，书中部分内容和习题参考了这些教材及其网络资源，在此对所参考教材的作者及相关人员表示衷心感谢！

为便于读者练习，我们在程序设计类实验辅助教学平台（简称 PTA）组建了习题集，其中包含本书中的所有编程习题。使用本书的教师可联系出版社获取该习题集的分享码，方便自建习题集供学生练习，其他读者可联系清华大学出版社提供 PTA 注册邮箱获得该习题集的操作权限。本书中的编程习题代码都在 Dev-C++ 5.11 集成开发环境及 PTA 平台调试通过。

  因编者的能力和水平有限，书中难免存在错误和不足之处，恳请读者批评指正。出版社编辑的联系邮箱：641795428@qq.com。

黄龙军
2023 年 8 月

目　录

第 1 章　绪论习题解析 1
　1.1　选择题解析 1
　1.2　编程题解析 2

第 2 章　程序设计基础知识习题解析 6
　2.1　选择题解析 6
　2.2　编程题解析 9

第 3 章　程序控制结构习题解析 12
　3.1　选择题解析 12
　3.2　编程题解析 15

第 4 章　数组习题解析 47
　4.1　选择题解析 47
　4.2　编程题解析 53

第 5 章　函数习题解析 103
　5.1　选择题解析 103
　5.2　编程题解析 108

第 6 章　结构体习题解析 132
　6.1　选择题解析 132
　6.2　编程题解析 135

第 7 章　指针习题解析 152
　7.1　选择题解析 152
　7.2　编程题解析 156

第 8 章　链表习题解析 168
　8.1　选择题解析 168

8.2 编程题解析...171

参考文献...**202**

绪论习题解析

1.1 选择题解析

1. C++标准的 main 函数的返回类型是（　　）。
   A. void   B. double   C. int   D. 不确定

解析：
C++标准的 main 函数的返回类型是 int，答案选 C。
在 C11 标准中规定 C 语言 main 函数的返回类型也为 int。
在有些 C 语言编译器（如 Dev-C++ 5.11、PTA 平台的 C 语言编译器）中也允许 main 函数的返回类型为 void 类型（空类型）。一致起见，建议 C 语言和 C++语言编写的代码中的 main 函数都采用 int 作返回类型。

2. C 语言的 scanf 和 printf 函数的头文件是（　　）。
   A. iostream.h   B. stdlib.h   C. math.h   D. stdio.h

解析：
C 语言的 scanf 和 printf 函数的头文件是 stdio.h，答案选 D。
另外，C 语言的其他一些输入、输出函数对应的头文件也是 stdio.h。

3. 在 C/C++语言中，每个语句必须以（　　）结束。
   A. 换行符   B. 冒号   C. 逗号   D. 分号

解析：
在 C/C++语言中，每个基本语句以分号作为语句结束符，答案选 D。
在 C/C++语言中，多条基本语句可用"{}"括起来构成一条复合语句。

4. 一个 C/C++程序总是从（　　）函数开始执行。
   A. main   B. 处于最前的   C. 处于最后的   D. 随机选一个

解析：
一个 C/C++程序至少包含一个函数，即主函数 main，一个 C/C++程序总是从 main 函数中开始执行，并在 main 函数中结束执行，答案选 A。

5. C/C++语言可用的注释符有（　　）。

A. //　　　　　　B. /*……*/　　　　C. //、/*……*/　　　D. --

解析：

C/C++语言可用的注释符有单行注释符"//"和多行注释符（配对使用的"/*"和"*/"），答案选 C。

若在每行的行首都用一个"//"，则可实现多行注释；例如，在 Dev-C++ 5.11 中，选中多行代码再使用组合键 Ctrl + /（同时按 Ctrl 和/）则可在每行代码前添加"//"完成多行代码的注释。

若把配对使用的"/*"和"*/"用在一行上，则可实现单行注释，如下代码所示。

```
#include<stdio.h>        /*stdio.h 是 C 语言的输入输出函数头文件*/
/*在 Dev-C++中 C 语言的 main 函数可用 void 类型，此时的程序后缀名应为 c*/
void main() {
    printf("hello\n");
    return;              /*此语句可省略*/
}
```

6. C++输入流的提取符是（　　）。

A. //　　　　　　B. >>　　　　　　C. <<　　　　　　D. &

解析：

C++输入流是 cin，相应的提取符是>>，答案选 B。

7. C++输出流的插入符是（　　）。

A. //　　　　　　B. >>　　　　　　C. <<　　　　　　D. &

解析：

C++输出流是 cout，相应的插入符是<<，答案选 C。

8. 有语句"int a;"，则以下语句正确的是（　　）。

A. scanf("%d",a);　　　　　　　　B. printf("%d\n",a);
C. cin>>a>>endl;　　　　　　　　D. cout< <a;

解析：

选项 A 的变量 *a* 之前需有地址符&；选项 C 的提取符>>之后一般为变量或字符数组名，不能是输出流操作子 endl（输出它将起到换行的作用）；选项 D 的输出流插入符<<的两个"<"不能有空格；故答案选 B。

1.2　编程题解析

1. 显示两句话

请编写一个程序，显示如输出样例所示的两句话。

输出样例：

```
Everything depends on human effort.
Just do it.
```

解析：

本题可用 C++的输出流 cout（头文件 iostream，且需引入命名空间 std）或 C 语言的输出函数 printf（头文件 stdio.h）直接输出两个以双引号界定的字符串常量。因每个字符串输出之后要换行，故需在输出字符串本身之后再输出换行符'\n'或 C++中能达到换行效果的输出流操作算子 endl。用 C++的 cout 输出数据时，每个数据之前都需有插入符"<<"。

具体代码如下。

```
//C++风格代码
#include<iostream>
using namespace std;
int main() {
    cout<<"Everything depends on human effort."<<endl;    //输出第一行
    cout<<"Just do it."<<endl;                            //输出第二行
    return 0;
}

//C风格代码
#include<stdio.h>
int main() {
    printf("Everything depends on human effort.\n");      //输出第一行
    printf("Just do it.\n");                              //输出第二行
    return 0;
}
```

以上代码用了两个 cout 或 printf。实际上，仅用一个 cout 或 printf 亦可，只需把第一个字符串加换行符'\n'拼接在第二个字符串之前构成为一个字符串即可。具体代码如下。

```
//C++风格代码
#include<iostream>
using namespace std;
int main() {
    cout<<"Everything depends on human effort.\nJust do it."<<endl;
    return 0;
}

//C风格代码
#include<stdio.h>
int main() {
    printf("Everything depends on human effort.\nJust do it.\n");
    return 0;
}
```

2. 输出@字符矩形

输出如输出样例所示由@字符构成的矩形。

输出样例：

```
@@@@@@@@@@@@@@@@@@@
@@@@@@@@@@@@@@@@@@@
@@@@@@@@@@@@@@@@@@@
@@@@@@@@@@@@@@@@@@@
```

解析：

本题可直接用 C++的输出流 cout 或 C 语言的输出函数 printf 输出四个由@字符构成的字符串。

具体代码如下。

```cpp
//C++风格代码
#include<iostream>
using namespace std;
int main() {
    cout<<"@@@@@@@@@@@@@@@@@@@"<<endl;    //输出第一行
    cout<<"@@@@@@@@@@@@@@@@@@@"<<endl;    //输出第二行
    cout<<"@@@@@@@@@@@@@@@@@@@"<<endl;    //输出第三行
    cout<<"@@@@@@@@@@@@@@@@@@@"<<endl;    //输出第四行
    return 0;
}
```

```c
//C风格代码
#include<stdio.h>
int main() {
    printf("@@@@@@@@@@@@@@@@@@@\n");    //输出第一行
    printf("@@@@@@@@@@@@@@@@@@@\n");    //输出第二行
    printf("@@@@@@@@@@@@@@@@@@@\n");    //输出第三行
    printf("@@@@@@@@@@@@@@@@@@@\n");    //输出第四行
    return 0;
}
```

本题也可将四个字符串之间加换行符拼接为一个字符串输出，具体代码留给读者自行实现。

3. 立方数

输入 1 个正整数 x（$x<1000$），求其立方数并输出。

输入样例：

3

输出样例：

27

解析：

本题主要考查变量的输入和表达式的输出。输入可用 C++的输入流 cin 或 C 语言的输入函数 scanf 实现，输出立方数则可用 C++的输出流 cout 或 C 语言的输出函数 printf 实现。对于整数，C 语言的 scanf、printf 函数对应的格式控制串为"%d"。而 x 的立方数可用 $x*x*x$ 表示，其中"*"表示乘号。

具体代码如下。

```
//C++风格代码
#include<iostream>
using namespace std;
int main() {
    int x, res;              //定义两个整型变量 x 和 res
    cin>>x;                  //输入一个整数到变量 x 中
    res=x*x*x;               //计算 x 的立方存放到变量 res 中
    cout<<res<<endl;         //输出变量 res 的值
    return 0;
}

//C 风格代码
#include<stdio.h>
int main() {
    int x, res;              //定义两个整型变量 x 和 res
    scanf("%d",&x);          //输入一个整数到变量 x 中
    res=x*x*x;               //计算 x 的立方存放到变量 res 中
    printf("%d\n",res);      //输出变量 res 的值
    return 0;
}
```

另外，在头文件 math.h 中声明的数学函数 pow 可计算幂，其原型为"double pow(double, double)"，例如 pow(2, 3)返回 8.0（即 2^3）。故 x 的立方也可表示为 pow(x, 3)，但要注意返回的是 double 类型数据。若 res 是 int 类型变量，则语句"res=pow(2, 3);"将使 res 的值为 8，即 double 类型的 8.0 赋值给整型变量时将 double 类型自动转换为 int 类型。

第 2 章

程序设计基础知识习题解析

2.1 选择题解析

1. 以下不属于合法的 C/C++语言用户标识符的是（   ）。
   A. main   B. long   C. include   D. _3C

解析：

C/C++标识符命名规则：第一个字符必须是字母或下画线_，其他字符只能是字母、_和数字字符。

用户自定义标识符不能与 C/C++关键字同名，选项 B 是关键字，不能用作用户标识符，答案选 B。其余选项符合用户标识符要求，都是合法的用户标识符。注意，main 和 include 并不是 C/C++关键字。

2. 设 int 类型数据占 4 内存字节，则以下 short 类型能表达的最大整数错误的是（   ）。
   A. 0x7fff   B. 1<<15−1   C. 32767   D. 077777

解析：

short 类型是 short int 类型的缩写，占 2 内存字节，该类型能表达的最大二进制数是 0111111111111111，对应的十进制、八进制、十六进制数分别是 32767、077777、0x7fff，答案选 B。因运算符优先级的关系，选项 B 表示 $2^{15-1}=2^{14}$。

3. char 型常量在内存中存放的是（   ）。
   A. ASCII 码值   B. Unicode 码值   C. 内码值   D. 十进制代码值

解析：

char 型常量在内存中存放的是 ASCII 码对应的二进制数，答案选 A。

4. "int i=2.9*6;" 后 i 的结果是（   ）。
   A. 12   B. 16   C. 17   D. 18

解析：

2.9*6=17.4，因实数赋给整型变量时截去小数部分，故 i=17，答案选 C。

5. 已知字母 A 的 ASCII 码为十进制数 65，执行以下语句的输出结果是（   ）。

```
int c='A'+'6'-'3';
//C++风格代码
cout<<char(c);
//C风格代码
printf("%c", (char)c);
```

  A. 不确定   B. 68   C. C   D. D

解析：

c='A'+'6'-'3'=68，将 c 强制转换为字符类型得到字符'D'，答案选 D。

6. 以下运算符中，优先级最高的是（   ）。

  A. <=   B. !   C. %   D. &&

解析：

选项 B 中的运算符"!"是一目运算符，优先级高于其余选项中二目运算符，答案选 B。

7. 以下运算符优先级按从高到低排列正确的是（   ）。

  A. 算术运算、赋值运算、关系运算   B. 关系运算、赋值运算、算术运算
  C. 算术运算、关系运算、赋值运算   D. 关系运算、算术运算、赋值运算

解析：

运算符优先级按从高到低排列的顺序为算术运算、关系运算、赋值运算，答案选 C。常用的 C/C++运算符优先级如表 2-1 所示。

表 2-1   常用的 C/C++运算符优先级

优先级	运算符	备注
1	()	改变运算优先级或界定函数参数
	[]	数组下标
	.	成员选择（其左边为结构体变量）
	->	成员指向（其左边为结构体指针变量）
2	一目运算符：-、++、--、!、~、*、&、sizeof、(类型)	-：负号，sizeof：求内存长度 *：指针取值（内容），&：取地址
3	算术运算符*、/、%、+、-	*、/、% 优先级高于 +、-
4	位运算符<<、>>	左移、右移
5	关系运算符>、>=、<、<=、==、!=	>、>=、<、<= 优先级高于 ==、!=
6	位运算符&、^、|	& 优先级高于 ^，^ 优先级高于 |
7	逻辑运算符&&、||	&& 优先级高于 ||
8	条件运算符?:	三目运算符
9	赋值运算符=及其缩写	含*=、/=、%=、+=、-=、<<=、>>=、&=、^=、|=
10	逗号运算符,	

8. C/C++语言中，要求运算对象只能为整数的运算符是（   ）。

A. *　　　　　B. /　　　　　C. >　　　　　D. %

解析：

C/C++语言中，要求运算对象只能为整数的运算符是%，答案选 D。

9. 表达式 34/5 的结果为（　　）。
　　A. 6　　　　　B. 7　　　　　C. 6.8　　　　　D. 以上都错

解析：

对于运算符/，若两个运算数都是整数，则结果（商）为整数，答案选 A。

10. 判断 a、b 中有且仅有 1 个值为 0 的表达式是（　　）。
　　A. !(a*b)&&a+b　　B. (a*b)&&a+b　　C. a*b==0　　D. a!=0 && !b

解析：

若!(a*b)成立，则 a、b 中存在 0，若 a+b 成立，则 a、b 不能同时为 0，故判断 a、b 中有且仅有 1 个值为 0 可用!(a*b)&&a+b 表示，答案选 A。

选项 B 中 a*b 要成立，则 a、b 中不能有 0；选项 C 在 a、b 同时为 0 时也成立；选项 D 表示 a 不等于 0 且 b 等于 0，不完整。

11. 用逻辑表达式表示 x 是"大于 10 且小于 20 的数"，正确的是（　　）。
　　A. 10<x<20　　B. x>10||x<20　　C. x>10&x<20　　D. !(x<=10||x>=20)

解析：

对于选项 A，x 为任何数都是成立的，因为 10<x 的结果为 false（或 0）或 true（或 1），都小于 20；选项 B 中，||表示"或者"，而不表示"且"的含义；选项 C 中的运算符&表示"按位与"，不能表达"且"的含义；选项 D 将!结合进括号中去得到 x>10&&x<20，可表示 x 是"大于 10 且小于 20 的数"，答案选 D。

12. 以下与"k=n++"等价的表达式是（　　）。
　　A. k=++n　　B. n=n+1,k=n　　C. k=n, n=n+1　　D. k+=n

解析：

n++表示先取 n 的值，再使 n 增 1，则 k=n++表示先将 n 的值赋给 k，再使 n 增 1，与选项 C 对应，答案选 C。选项 A、B 含义相同，先使 n 增 1，再将其值赋给 k；选项 D 表示 k=k+n。

13. 关于 scanf 函数返回值，以下说法错误的是（　　）。
　　A. 该函数读不到数据时返回 EOF
　　B. 该函数的返回值是正确读到的数据个数
　　C. 该函数没有返回值
　　D. 该函数读不到数据时返回-1

解析：

scanf 函数的返回值是正确读到的数据个数，scanf 函数读不到数据时返回 EOF（EOF 是一个符号常量，其值为-1），答案选 C。

14. 先输入一个字符 c，再输入一个包含空格的字符串 s 时，需吸收 c 之后的换行符，则以下语句达不到目的的是（　　）。

  A. `cin.get();`　　　　　　　　　B. `scanf("%*c");`
  C. `getchar();`　　　　　　　　　D. `scanf("%c");`

解析：

选项 A、B、C 中的语句都能正确吸收换行符，其中选项 A 是 C++语言对应的语句，表示用 cin.get()输入一个字符；选项 B、C 是 C 语言对应的语句，选项 B 的 scanf 函数中的格式控制串"%*c"表示忽略一个字符的输入，选项 C 表示用 getchar 函数输入一个字符，答案选 D。

2.2　编程题解析

1. 4 位整数的数位和

输入一个 4 位的整数，求其各数位上的数字之和。

输入样例：

1234

输出样例：

10

解析：

本题要求各数位上的数字之和，主要涉及数位分离的知识，可使用算术运算符%和/求解。对于 4 位的整数 n，$n\%10$ 可取得其个位、$n/10\%10$ 可取得其十位、$n/100\%10$ 可取得其百位、$n/1000$ 可取得其千位，求各数位上的数字之和只需将各数位上分离出来的数字逐个累加即可。

具体代码如下。

```cpp
//C++风格代码
#include<iostream>
using namespace std;
int main() {
    int n, t, sum;
    cin>>n;
    sum=n%10;                    //sum 初始化为个位上的数
    sum+=n/10%10;                //将十位上的数加到 sum 中
    sum+=n/100%10;               //将百位上的数加到 sum 中
    sum+=n/1000;                 //将千位上的数加到 sum 中
    cout<<sum<<endl;
    return 0;
}
```

```c
//C 风格代码
#include<stdio.h>
int main() {
    int n, t, sum;
    scanf("%d",&n);
    sum=n%10;                          //sum 初始化为个位上的数
    sum+=n/10%10;                      //将十位上的数加到 sum 中
    sum+=n/100%10;                     //将百位上的数加到 sum 中
    sum+=n/1000;                       //将千位上的数加到 sum 中
    printf("%d\n",sum);
    return 0;
}
```

2. 5 门课的平均分

输入 5 门课程成绩（整数），求平均分（结果保留 1 位小数）。

输入样例：

66 77 88 99 79

输出样例：

81.8

解析：

本题要求 5 门课的平均分，只需将 5 门课成绩（整数）累加起来除以 5 即可。对于结果保留一位小数，若用 C++语言实现，则可使用输出流 cout 输出 fixed 和 setprecision(1)来控制，此时需包含相应头文件 iomanip；若用 C 语言实现，则在 printf 函数中使用格式控制串"%.1lf"来控制。

具体代码如下。

```cpp
//C++风格代码
#include<iostream>
#include<iomanip>
using namespace std;
int main() {
    int a, b, c, d, e, sum;
    cin>>a>>b>>c>>d>>e;                                    //输入 5 个数
    sum=a+b+c+d+e;                                         //求 5 个数之和
    cout<<fixed<<setprecision(1)<<sum/5.0<<endl;           //保留 1 位小数输出
    return 0;
}
```

```c
//C 风格代码
#include<stdio.h>
int main() {
    int a, b, c, d, e, sum;
    scanf("%d%d%d%d%d",&a,&b,&c,&d,&e);                    //输入 5 个数
    sum=a+b+c+d+e;                                         //求 5 个数之和
    printf("%.1lf\n",sum/5.0);                             //保留 1 位小数输出
```

```
        return 0;
    }
```

注意，在 C/C++中若运算符"/"的两个运算数都是整数，则运算结果也为整数，如 16/5 的结果为 5，为使结果带小数，可将其中一个运算数转换为 double 类型，如采用 sum/5.0、sum*1.0/5、(double) sum/5 或 sum/(double) 5 等表达。

3. 打字

小明每分钟能打 m 字，小敏每分钟能打 n 字，两人各打字 t 分钟，总共打了多少字。

输入格式：

输入 3 个整数 m，n，t。

输出格式：

输出小明和小敏 t 分钟一共打的字数。

输入样例：

65 60 4

输出样例：

500

解析：

算术运算符包括+、-、*、/和%，分别表示加、减、乘、除和求余，前二者优先级低于后三者，可通过添加小括号改变运算顺序。依题意，本题结果为$(m+n)*t$。

具体代码如下。

```
//C++风格代码
#include<iostream>
using namespace std;
int main() {
    int m,n,t;
    cin>>m>>n>>t;                    //输入
    int s=(m+n)*t;                   //处理
    cout<<s<<endl;                   //输出
    return 0;
}

//C 风格代码
#include<stdio.h>
int main() {
    int m,n,t;
    scanf("%d%d%d",&m,&n,&t);        //输入
    int s=(m+n)*t;                   //处理
    printf("%d\n",s);                //输出
    return 0;
}
```

注意，在 C/C++代码中，乘号"*"需明确写出来，不能省略。

第 3 章

程序控制结构习题解析

3.1 选择题解析

1. C/C++过程化程序设计的三种基本程序控制结构是（　　）。
   A. 顺序结构、选择结构、循环结构
   B. 输入、处理、输出
   C. for、while、do…while
   D. 复合语句、基本语句、空语句

解析：
C/C++过程化程序设计的三种基本程序控制结构是顺序结构、选择结构、循环结构，答案选 A。
选项 B 是简单算法的基本步骤，选项 C 是三种循环语句，选项 D 是三种语句形式。

2. 在 C/C++语言中，if 语句中的 else 子句总是与（　　）尚无 else 匹配的 if 相配对。
   A. 缩排位置相同　　B. 其之前最近　　　C. 其之后最近　　　D. 同一行上

解析：
在 C/C++语言中，if 语句中的 else 子句总是与其之前最近尚无 else 匹配的 if 相配对，答案选 B。

3. 以下代码段的输出结果是（　　）。

```
int i=1, j=2;
//C++风格代码
if (--i && --j) cout<<i<<" ";
else cout<<j<<" ";
if (++i || ++j) cout<<i<<endl;
else cout<<j<<endl;
//C 风格代码
if (--i && --j) printf("%d ",i);
else printf("%d ",j);
if (++i || ++j) printf("%d\n",i);
else printf("%d\n",j);
```

A. 1 1　　　　　B. 1 2　　　　　C. 2 3　　　　　D. 2 1

解析：

自增++和自减--运算符构成的表达式的求值规则如下。

（1）根据++位置决定增 1 的时机，++在前则先增 1，再取值；++在后则先取值，再增 1。

（2）根据--位置决定减 1 的时机，--在前则先减 1，再取值；--在后则先取值，再减 1。

逻辑运算符&和||的运算规则如下。

（1） a && b：若 a、b 同时为 true（或 1）则 a && b 为 true（或 1），否则为 false（或 0）；若 a 为 false（或 0），则 b 不执行。

（2） a || b：若 a、b 同时为 false（或 0）则 a || b 为 false（或 0），否则为 true（或 1）；若 a 为 true（或 1），则 b 不执行。

根据以上规则，第一个 if 语句中，因--i 的值为 0，故&&运算符之后的--j 不执行，if 后的条件不成立，执行 else 子句后的语句，输出 j 的值为 2；第二个 if 语句中，因第一个 if 语句使得 i 的值为 0，++i 的值为 1，故||运算符之后的++j 不执行，if 后的条件成立，执行 if 子句后的语句，输出 i 的值为 1；答案选 D。

4. 执行以下代码段后，变量 i 的值为（　　）。

```
int i=1;
switch (i) {
    case 1: i+=10;
    case 2: i+=20;
    case 3: i++; break;
    default: i++; break;
}
```

A. 11　　　　　B. 31　　　　　C. 33　　　　　D. 32

解析：

i 的初值为 1，与"case 1:"中的 1 相匹配，故执行 i+=10 使得 i 的值为 11，但因没有 break 语句，代码顺序执行下去，i 的值依次再增 20 和 1 而变为 32，接着遇到 break，switch 语句执行结束，最终 i 的值为 32，答案选 D。

5. 下面有关 for 循环的正确描述是（　　）。

A. for循环只能用于循环次数确定的情况

B. for循环先执行循环体语句，后判断循环条件

C. 在for循环中，不能用break语句跳出循环体

D. for循环的循环体可以包含多条语句，但多条语句必须构成复合语句

解析：

for 循环既可用于循环次数确定的情况，也可用于循环次数不确定的情况，选项 A 有误；for 循环先判断循环条件，若条件成立则再执行循环体语句，选项 B 有误；在 for 循环中，可用 break 语句跳出循环体，选项 C 有误；故答案选 D。

注意，若循环体包含多条语句，需用大括号将其括起来而构成复合语句。

6. 执行语句"for(s=0,k=0;s<=20||k<=10;k+=2) s+=k;"后，k、s 的值为（　　）。
   A. 30、12　　　B. 12、30　　　C. 20、10　　　D. 10、20

解析：
循环在 s 不大于 20 或者 k 不大于 10 时执行，s 依次累加 0、2、4、6、8、10 而变为 30，k 的值最终变为 12，从而使得循环条件不成立而结束循环，故答案选 B。

7. k、s 的当前值为 5、0，执行语句"while (--k) s+=k;"后，k、s 值分别为（　　）。
   A. 15、0　　　B. 0、15　　　C. 10、0　　　D. 0、10

解析：
s 依次累加 4、3、2、1 而变为 10，当 k 等于 1 并把其加到 s 中后，下次判断循环条件时--k 的值为 0，使得循环条件不成立而结束循环，故答案选 D。

8. 关于 do…while 循环，以下说法中正确的是（　　）。
   A. 循环体语句只能有一条基本语句
   B. 在 while(循环条件)后面不能写分号
   C. 当 while 后面循环条件的值为 false（或0）时结束循环
   D. 根据情况可以省略 while

解析：
do…while 循环的循环体语句可以有多条基本语句，故选项 A 有误；do…while 循环的 while(循环条件)后面应加分号，故选项 B 有误；do…while 循环的 do 和 while 是配套使用的，都不能缺少，故选项 D 有误；do…while 循环在循环条件成立时执行循环体，在循环条件不成立时结束循环，故答案选 C。

9. 以下不是无限循环的语句为（　　）。
   A. for(int y=10,x=1;x<++y;x++);
   B. for(; ;);
   C. while(1){x++;}
   D. //C++风格代码
      for(i=10;true;i--) sum+=i;
      //C风格代码
      for(i=10;1;i--) sum+=i;

解析：
选项 A 的循环体为空语句，循环条件"x<++y;"在 y 等于 2147483647 时++y 等于 2147483648，超出 int 范围从而变为-2147483648，此时 x 等于 2147483638，"2147483638<-2147483648"这个循环条件不成立而结束循环，故答案选 A。

for 循环的循环条件省略时，相当于该条件为 true（或 1），则其他选项的循环条件都是 true（或 1），表示循环条件永真而使得相应的循环成为无限循环（死循环）。

10. 下列代码段中循环体执行的次数为（   ）。

```
int k=10;
while (k=1) k=k-1;
```

  A. 循环体语句一次都不执行　　　　B. 循环体语句执行无数次
  C. 循环体语句执行一次　　　　　　D. 循环体语句执行9次

解析：
因"="是赋值运算符，循环条件"k=1"使得 k 的值总是等于 1 而使循环条件永远成立，故出现死循环，答案选 B。

3.2　编程题解析

1. 输入输出练习（1）——n 个整数之和（T 组测试）

共有 T 组测试数据，每组测试求 n 个整数之和。
输入格式：
首先输入一个正整数 T，表示测试数据的组数，然后是 T 组测试数据。每组测试先输入数据个数 n，然后再输入 n 个整数，数据之间以一个空格间隔。
输出格式：
对于每组测试，在一行上输出 n 个整数之和。
输入样例：

```
2
4 1 2 3 4
5 1 8 3 4 5
```

输出样例：

```
10
21
```

解析：
使用 T 组测试的在线做题控制结构，对于每组测试，先输入数据个数 n，再输入 n 个整数并逐个累加到累加单元 sum（初值为 0）中，最后输出 sum 的值。
具体代码如下。

```cpp
//C++风格代码
#include <iostream>
using namespace std;
int main() {
    int T;
    cin>>T;
    while(T--) {                         //控制 T 组测试
        int n, t, sum=0;                 //累加单元 sum 清 0
```

```cpp
        cin>>n;
        for(int i=0; i<n; i++) {       //输入 n 个整数并累加到 sum 中
            cin>>t;
            sum+=t;
        }
        cout<<sum<<endl;               //输出 sum 的值
    }
    return 0;
}

//C 风格代码
#include <stdio.h>
int main() {
    int T, i, n, t, sum;
    scanf("%d",&T);
    while(T--) {                       //控制 T 组测试
        sum=0;                         //累加单元 sum 清 0
        scanf("%d",&n);
        for(i=0; i<n; i++) {           //输入 n 个整数并累加到 sum 中
            scanf("%d",&t);
            sum+=t;
        }
        printf("%d\n",sum);            //输出 sum 的值
    }
    return 0;
}
```

2. 输入输出练习（2）——*n* 个整数之和（处理到文件尾）

测试数据有多组，处理到文件尾。每组测试求 *n* 个整数之和。

输入格式：

测试数据有多组，处理到文件尾。每组测试先输入数据个数 *n*，然后再输入 *n* 个整数，数据之间以一个空格间隔。

输出格式：

对于每组测试，在一行上输出 *n* 个整数之和。

输入样例：

5 1 8 3 4 5

输出样例：

21

解析：

使用控制到文件尾的在线做题控制结构，对于每组测试，先输入数据个数 *n*，再输入 *n* 个整数并逐个累加到累加单元 sum（初值为 0）中，最后输出 sum 的值。

具体代码如下。

```cpp
//C++风格代码
#include <iostream>
using namespace std;
int main() {
    int n;
    while(cin>>n) {            //控制到文件尾，cin 在读不到数据时返回 NULL
        int t, sum=0;          //累加单元 sum 清 0
        for(int i=0; i<n; i++){//输入 n 个整数并累加到 sum 中
            cin>>t;
            sum+=t;
        }
        cout<<sum<<endl;       //输出 sum 的值
    }
    return 0;
}


//C 风格代码
#include <stdio.h>
int main() {
    int i, n, t, sum;
    while(~scanf("%d",&n)) {   //控制到文件尾，scanf 在读不到数据时返回-1，~-1=0
        sum=0;                 //累加单元 sum 清 0
        for(i=0; i<n; i++){    //输入 n 个整数并累加到 sum 中
            scanf("%d",&t);
            sum+=t;
        }
        printf("%d\n",sum);    //输出 sum 的值
    }
    return 0;
}
```

3. 输入输出练习（3）——n 个整数之和（特值结束）

测试数据有多组，每组测试求 n 个整数之和，处理到输入的 n 是 0 为止。

输入格式：

测试数据有多组。每组测试先输入数据个数 n，然后再输入 n 个整数，数据之间以一个空格间隔，当 n 为 0 时，输入结束。

输出格式：

对于每组测试，在一行上输出 n 个整数之和。

输入样例：

5 1 8 3 4 5
0

输出样例：

21

解析:

使用特值结束的在线做题控制结构,对于每组测试,先输入数据个数 n,再输入 n 个整数并逐个累加到累加单元 sum(初值为 0)中,最后输出 sum 的值。当 n 为特值 0 时,用 break 语句跳出循环从而结束循环。

具体代码如下。

```
//C++风格代码
#include <iostream>
using namespace std;
int main() {
    while(true) {                          //永真循环
        int n, t, sum=0;                   //累加单元 sum 清 0
        cin>>n;
        if (!n) break;                     //在 n 等于 0 时结束循环,!n 表示 n==0
        for(int i=0; i<n; i++) {           //输入 n 个整数并累加到 sum 中
            cin>>t;
            sum+=t;
        }
        cout<<sum<<endl;                   //输出 sum 的值
    }
    return 0;
}

//C 风格代码
#include <stdio.h>
int main() {
    int i, n, t, sum;
    while(1) {                             //永真循环
        scanf("%d",&n);
        if (!n) break;                     //在 n 等于 0 时结束循环,!n 表示 n==0
        sum=0;                             //累加单元 sum 清 0
        for(i=0; i<n; i++) {               //输入 n 个整数并累加到 sum 中
            scanf("%d",&t);
            sum+=t;
        }
        printf("%d\n",sum);                //输出 sum 的值
    }
    return 0;
}
```

4. 输入输出练习(4)——n 个整数之和(空行间隔)

求 n 个整数之和。T 组测试,且要求每两组输出之间空一行。

输入格式:

首先输入一个正整数 T,表示测试数据的组数,然后是 T 组测试数据。每组测试先输入数据个数 n,然后再输入 n 个整数,数据之间以一个空格间隔。

输出格式：
对于每组测试，在一行上输出 n 个整数之和，每两组输出结果之间留一个空行。

输入样例：

```
2
4 1 2 3 4
5 1 8 3 4 5
```

输出样例：

```
10

21
```

解析：

使用 T 组测试的在线做题控制结构，对于每组测试，先输入数据个数 n，再输入 n 个整数并逐个累加到累加单元 sum（初值为 0）中，最后输出 sum 的值。对于"每两组输出结果之间留一个空行"，这里采用"最后一组除外，输出每组结果之后，再输出一个空行"的策略。

具体代码如下。

```cpp
//C++风格代码
#include <iostream>
using namespace std;
int main() {
    int T;
    cin>>T;
    while(T--) {                        //控制 T 组测试
        int n, t, sum=0;                //累加单元 sum 清 0
        cin>>n;
        for(int i=0; i<n; i++) {        //输入 n 个整数并累加到 sum 中
            cin>>t;
            sum+=t;
        }
        cout<<sum<<endl;                //输出 sum 的值
        //若不是最后一组数据，则在输出 sum 后再输出一个空行
        if (T) cout<<endl;              //最后一组测试时 T 变为 0，T 表示 T!=0
    }
    return 0;
}

//C 风格代码
#include <stdio.h>
int main() {
    int T, i, n, t, sum;
    scanf("%d",&T);                     //控制 T 组测试
```

```
        while(T--) {
            sum=0;                        //累加单元 sum 清 0
            scanf("%d",&n);
            for(i=0; i<n; i++) {          //输入 n 个整数并累加到 sum 中
                scanf("%d",&t);
                sum+=t;
            }
            printf("%d\n",sum);           //输出 sum 的值
            //若不是最后一组数据，则在输出 sum 后再输出一个空行
            if (T) printf("\n");          //最后一组测试时 T 变为 0，T 表示 T!=0
        }
        return 0;
    }
```

5. 应缴电费

春节前后，电费大增。查询之后得知收费标准如下：

- 月用电量在 230 千瓦时及以下的部分按每千瓦时 0.4983 元收费；
- 月用电量在 231~420 千瓦时的部分按每千瓦时 0.5483 元收费；
- 月用电量在 421 千瓦时及以上的部分按每千瓦时 0.7983 元收费。

请根据月用电量（单位：千瓦时），按收费标准计算应缴的电费（单位：元）。

输入格式：

首先输入一个正整数 T，表示测试数据的组数，然后是 T 组测试数据。对于每组测试，输入一个整数 n（$0 \leq n \leq 10000$），表示月用电量。

输出格式：

对于每组测试，输出一行，包含一个实数，表示应缴的电费。结果保留 2 位小数。

输入样例：

```
2
270
416
```

输出样例：

```
136.54
216.59
```

解析：

根据题面所说的收费标准，用 if 语句判断月用电量的范围并分段进行计算并输出。具体代码如下。

```
//C++风格代码
#include<iostream>
#include<iomanip>
using namespace std;
int main() {
    int T;
```

```
        cin>>T;
        while(T--) {
            int a;
            cin>>a;                                    //输入月用电量
            cout<<fixed<<setprecision(2);              //为结果保留2位小数作准备
            //分段计算并输出
            if(a<=230) cout<<a*0.4983<<endl;
            else if(a<=420) cout<<230*0.4983+(a-230)*0.5483<<endl;
            else cout<<230*0.4983+(420-230)*0.5483+(a-420)*0.7983<<endl;
        }
        return 0;
    }

    //C风格代码
    #include <stdio.h>
    int main() {
        int T,a;
        scanf("%d",&T);
        while(T--) {
            scanf("%d",&a);                            //输入月用电量
            //分段计算并输出
            if(a<=230) printf("%.2lf\n",a*0.4983);
            else if(a<=420) printf("%.2lf\n",230*0.4983+(a-230)*0.5483);
            else printf("%.2lf\n",230*0.4983+(420-230)*0.5483+(a-420)*0.7983);
        }
        return 0;
    }
```

6. 小游戏

有一个小游戏,6个人上台计算手中扑克牌点数之和是否5的倍数,据说是小学生玩的。这里稍微修改一下玩法,n个人上台,计算手中数字之和是否同时是3、5、7的倍数。

输入格式:

首先输入一个正整数 T,表示测试数据的组数,然后是 T 组测试数据。每组测试先输入1个整数 n($1 \leq n \leq 15$),再输入 n 个整数,数值都小于1000。

输出格式:

对于每组测试,若 n 个整数之和同时是3、5、7的倍数则输出YES,否则输出NO。

输入样例:

```
2
3 123 27 60
3 23 27 60
```

输出样例:

```
YES
NO
```

解析：

对输入的 n 个数累加求和到累加单元 sum（初值为 0）中，判断 sum 是否同时是 3、5、7 的倍数，若是则输出 YES，否则输出 NO。

具体代码如下。

```cpp
//C++风格代码
#include<iostream>
using namespace std;
int main() {
    int T, sum, n, a;
    cin>>T;
    while(T--) {
        sum=0;                                    //累加单元清 0
        cin>>n;
        while(n--) {                              //输入 n 个数并累加到 sum 中
            cin>>a;
            sum+=a;
        }
        if(sum%5==0&&sum%7==0&&sum%3==0)          //判断 sum 是否同时为 3、5、7 的倍数
            cout<<"YES\n";
        else
            cout<<"NO\n";
    }
    return 0;
}
```

```c
//C 风格代码
#include <stdio.h>
int main() {
    int T, sum, n, a;
    scanf("%d",&T);
    while(T--) {
        scanf("%d",&n);
        sum=0;                                    //累加单元清 0
        while(n--) {                              //输入 n 个数并累加到 sum 中
            scanf("%d",&a);
            sum+=a;
        }
        if(sum%5==0&&sum%7==0&&sum%3==0)          //判断 sum 是否同时为 3、5、7 的倍数
            puts("YES");
        else
            puts("NO");
    }
    return 0;
}
```

因 3、5、7 中任意两个都是互质数，故同时是 3、5、7 的倍数可以表示为是 105（3×5×7）的倍数。

7. 购物

小明购物之后搞不清最贵的物品价格和所有物品的平均价格，请帮他编写一个程序实现。

输入格式：

测试数据有多组，处理到文件尾。每组测试先输入 1 个整数 n（$1 \leqslant n \leqslant 100$），接下来的 n 行中每行输入 1 个英文字母表示的物品名及该物品的价格。测试数据保证最贵的物品只有 1 个。

输出格式：

对于每组测试，在一行上输出最贵的物品名和所有物品的平均价格，两者之间留一个空格，平均价格保留 1 位小数。

输入样例：

```
3
a 1.8
b 2.5
c 1.5
```

输出样例：

```
b 1.9
```

解析：

求最贵物品名可在每次输入物品名 c 和价格 t 时，判断 t 是否大于假设的最高价格 m（初值为 0），若是则将 m 更新为 t 并保存 c 到结果物品名 r 中；求平均价格则可把每次输入的 t 累加到累加单元 s（初值为 0）中，最终平均价格为 s/n。

具体代码如下。

```cpp
//C++风格代码
#include<iostream>
#include<iomanip>
using namespace std;
int main() {
    int n;
    while(cin>>n) {
        int i;
        double s=0, t, m=0;        //价格总和 s 清 0，假设的最高价格 m 置 0
        char c,r;
        for(i=1; i<=n; i++) {
            cin>>c>>t;
            s+=t;                  //将 t 累加到 s 中
            if(t>m) {              //若 t 大于 m，则将 m 更新为 t，并保存 c 到 r 中
                m=t;
```

```
            r=c;
        }
    }
    cout<<r<<" "<<fixed<<setprecision(1)<<s/n<<endl;
}
return 0;
}
```

```c
//C风格代码
#include <stdio.h>
int main() {
    int i, n;
    double s, t, m;
    while(~scanf("%d",&n)) {
        s=m=0;                                  //价格总和s清0,假设的最高价格m置0
        char c,r;
        for(i=1; i<=n; i++) {
            scanf("%*c%c%lf%",&c,&t);           //注意需先将待输入字符之前的换行符过滤掉
            s+=t;                               //将t累加到s中
            if(t>m) {                           //若t大于m,则将m更新为t,并保存c到r中
                m=t;
                r=c;
            }
        }
        printf("%c %.1lf\n",r,s/n);
    }
    return 0;
}
```

上述 C 风格代码中，注意需将输入物品名 c 之前确认输入（物品数 n 及前一种物品名称和价格）的回车键中的换行符吸收掉，否则 c 将得到换行符而出错。

8. 等边三角形面积

数学基础对于程序设计能力而言很重要。请选择合适的方法计算等边三角形面积。

输入格式：

测试数据有多组，处理到文件尾。每组测试输入 1 个实数表示等边三角形的边长。

输出格式：

对于每组测试，在一行上输出等边三角形的面积，结果保留 2 位小数。

输入样例：

```
1.0
2.0
```

输出样例：

```
0.43
1.73
```

解析：

设等边三角形的边长为 a，则其面积 s=a*a*sqrt(3)/4，其中 sqrt(3)表示 3 的平方根。系统函数 sqrt 的头文件为 C++形式的 cmath 或 C 语言形式的 math.h。

具体代码如下。

```cpp
//C++风格代码
#include<iostream>
#include<iomanip>
#include<cmath>
using namespace std;
int main() {
    double a;
    while(cin>>a) {
        cout<<setprecision(2)<<fixed<<sqrt(3.0)/4*a*a<<endl;
    }
    return 0;
}
```

```c
//C 风格代码
#include <stdio.h>
#include <math.h>
int main() {
    double a;
    while(~scanf("%lf",&a)) {
        printf("%.2lf\n",sqrt(3.0)/4*a*a);
    }
    return 0;
}
```

另外，3 的平方根也可表达为 $3^{0.5}$，故也可用 pow(3, 0.5)表示。等边三角形的面积还可用其他方法求解，请读者自行思考并编程实现。

9. 三七二十一

某天，诺诺看到"三七二十一"（3721）数，觉得很神奇，这种数除以 3 余 2，而除以 7 则余 1。例如 8 是一个 3721 数，因为 8 除以 3 余 2，8 除以 7 余 1。现在给出两个整数 a、b，求区间[a, b]中的所有 3721 数，若区间内不存在 3721 数则输出 none。

输入格式：

首先输入一个正整数 T，表示测试数据的组数，然后是 T 组测试数据。每组测试输入两个整数 a, b（1≤a<b<2000）。

输出格式：

对于每组测试，在一行上输出区间[a, b]中所有的 3721 数，每两个数据之间留一个空格。如果给定区间不存 3721 数，则输出 none。

输入样例:

2
1 7
1 100

输出样例:

none
8 29 50 71 92

解析:

可对区间[a, b]中所有数逐个判断是否满足 3721 数的条件, 若满足则输出该数。为控制每两个 3721 数之间留一个空格, 可使用一个计数器变量 cnt(初值为 0), 若某个数是 3721 数, 则 cnt 增 1, 在输出该 3721 数前判断 cnt 是否大于 1, 若是则先输出一个空格(采用"第一个数据除外, 输出每个数据之前, 先输出一个空格"的策略)。显然, 若区间内不存在 3721 数, 则 cnt 为 0。如此可在 cnt 等于 0 时输出 none。

具体代码如下。

```cpp
//C++风格代码
#include <iostream>
using namespace std;
int main() {
    int T;
    cin>>T;
    while(T--) {
        int m, n, cnt=0;            //计数器 cnt 清 0
        cin>>m>>n;
        for(int j=m; j<=n; j++) {   //对区间内的所有数逐个判断
            if (j%3==2 && j%7==1){  //若 j 满足 3721 数的条件, 则 cnt 增 1 并输出 j
                cnt++;              //计数器增 1
                if (cnt>1) cout<<" ";  //若不是第一个数, 则先输出一个空格
                cout<<j;
            }
        }
        if (cnt==0) cout<<"none";   //若 cnt 等于 0, 则不存在 3721 数, 输出 none
        cout<<endl;
    }
    return 0;
}

//C 风格代码
#include <stdio.h>
int main() {
    int T,j,m,n,cnt;
    scanf("%d",&T);
    while(T--) {
```

```
        scanf("%d%d",&m,&n);
        cnt=0;                          //计数器 cnt 清 0
        for(j=m; j<=n; j++) {           //对区间内的所有数逐个判断
            if (j%3==2 && j%7==1){      //若 j 满足 3721 数的条件,则 cnt 增 1 并输出 j
                cnt++;                  //计数器增 1
                if (cnt>1) printf(" "); //若不是第一个数,则先输出一个空格
                printf("%d",j);
            }
        }
        if (cnt==0) puts("none");       //若 cnt 等于 0,则不存在 3721 数,输出 none
        else puts("");
    }
    return 0;
}
```

10. 胜者

Sg 和 Gs 进行乒乓球比赛,进行若干局之后,想确定最后谁是胜者(赢的局数多者胜)。

输入格式:

测试数据有多组,处理到文件尾。每组测试先输入一个整数 n,接下来的 n 行中每行输入两个整数 a、b($0 \leq a, b \leq 20$),表示 Sg 与 Gs 的比分是 a 比 b。

输出格式:

对于每组测试数据,若还不能确定胜负则输出 CONTINUE,否则在一行上输出胜者 Sg 或 Gs。

输入样例:

3
3 11
13 11
11 9

输出样例:

Sg

解析:

使用两个计数器 cnt1(初值为 0)和 cnt2(初值为 0),分别统计 Sg 和 Gs 的胜局数,再根据 cnt1 和 cnt2 的比较情况输出结果。

具体代码如下。

```
//C++风格代码
#include <iostream>
using namespace std;
int main() {
    int n;
    while(cin>>n) {
        int cnt1=0;                     //Sg 的胜局计数器清 0
```

```
            int cnt2=0;                       //Gs 的胜局计数器清 0
            for(int i=0; i<n; i++) {
                int a,b;
                cin>>a>>b;
                if(a>b) cnt1++;               //Sg 胜 Gs, cnt1 增 1
                if(a<b) cnt2++;               //Gs 胜 Sg, cnt2 增 1
            }
            //根据 cnt1 和 cnt2 的比较情况输出结果
            if(cnt1==cnt2) cout<<"CONTINUE"<<endl;
            else if(cnt1>cnt2) cout<<"Sg"<<endl;
            else cout<<"Gs"<<endl;
        }
        return 0;
    }

    //C 风格代码
    #include <stdio.h>
    #include <math.h>
    int main() {
        int a,b,i,n,cnt1,cnt2;
        while(~scanf("%d",&n)) {
            cnt1=cnt2=0;                      //Sg 和 GS 的胜局计数器都清 0
            for(i=0; i<n; i++) {
                scanf("%d%d",&a,&b);
                if(a>b) cnt1++;               //Sg 胜 Gs, cnt1 增 1
                if(a<b) cnt2++;               //Gs 胜 Sg, cnt2 增 1
            }
            //根据 cnt1 和 cnt2 的比较情况输出结果
            if(cnt1==cnt2) puts("CONTINUE");
            else if(cnt1>cnt2) puts("Sg");
            else puts("Gs");
        }
        return 0;
    }
```

11. 加密

信息安全很重要，特别是密码。给定一个 5 位的正整数 n 和一个长度为 5 的字母构成的字符串 s，加密规则很简单，字符串 s 的每个字符变为它后面的第 k 个字符，其中 k 是 n 的每个数位上的数字。第一个字符对应 n 的万位上的数字，最后一个字符对应 n 的个位上的数字。简单起见，s 中的每个字符为 ABCDE 中的一个。

输入格式：

测试数据有多组，处理到文件尾。每组测试数据在一行上输入非负的整数 n 和字符串 s。

输出格式：

对于每组测试数据，在一行上输出加密后的字符串。

输入样例：

12345 ABCDE

输出样例：

BDFHJ

解析：

因字符串相关知识在下一章介绍，本题暂不用字符串求解。这里对字符串 s 采用逐个字符输入的方式，每个字符加密后直接输出。为方便表达，先构造整数 n 的逆序数 m，再用数位分离的方法（m%10 取 m 的个位，m/=10 去掉 m 的个位）依序取得原来的 n 的第 1 位至第 5 位加到字符串 s 的第 1 个至第 5 个字符上。

具体代码如下。

```cpp
//C++风格代码
#include<iostream>
using namespace std;
int main() {
    int n;
    while(cin>>n) {
        int m=0;
        while(n>0) {                        //构造 n 的逆序数 m
            m=m*10+n%10;
            n/=10;
        }
        char c;
        for(int i=0; i<=4; i++) {           //逐个字符输入并加密输出
            cin>>c;
            c+=m%10;
            m/=10;
            cout<<c;
        }
        cout<<endl;
    }
    return 0;
}

//C 风格代码
#include <stdio.h>
int main() {
    int i,m,n;
    char c;
    while(~scanf("%d",&n)) {
        m=0;
        while(n>0) {                        //构造 n 的逆序数 m
            m=m*10+n%10;
```

```
            n/=10;
        }
        getchar();                    //注意此处要吸收确认 n 输入的换行符
        for(i=0; i<=4; i++) {         //逐个字符输入并加密输出
            scanf("%c",&c);
            c+=m%10;
            m/=10;
            putchar(c);
        }
        putchar('\n');
    }
    return 0;
}
```

本题若用 C++的 string 变量或 C 语言的字符数组处理，则代码可更简洁。读者可在学完 string 变量或字符数组的相关知识后换一种方法求解。

12. 比例

某班同学在操场上列队，请计算男、女同学的比例。

输入格式：

测试数据有多组，处理到文件尾。每组测试数据输入一个以"."结束的字符串，串中每个字符可能是 MmFf 中的一个，m 或 M 表示男生，f 或 F 表示女生。

输出格式：

对于每组测试数据，在一行上输出男、女生的百分比，结果四舍五入到 1 位小数。输出形式参照输出样例。

输入样例：

FFfm.
MfF.

输出样例：

25.0 75.0
33.3 66.7

解析：

对于字符串，采用逐个字符输入的方式，在遇到字符'.'时结束输入，每输入一个非'.'的字符，则总人数计数器 n（初值为 0）增 1。对于输入的字符逐个判断是否为'f'或'F'，是则女生计数器变量 cnt（初值为 0）增 1。最终女生人数为 cnt、男生人数为 n−cnt。

具体代码如下。

```
//C++风格代码
#include<iostream>
#include<iomanip>
using namespace std;
int main() {
```

```cpp
        char c;
        while(cin>>c) {              //若无法读入第一个字符，则表示到文件尾
            int cnt=0,n=0;           //女生计数器 cnt、总人数计数器 n 清 0
            while(true) {
                if (c=='.') break;   //若输入'.'，则一组数据输入结束，跳出循环
                if (c=='f'||c=='F') cnt++;//若是女生，则女生计数器 cnt 增 1
                n++;                 //总人数计数器 n 增 1
                cin>>c;              //继续输入下一个字符
            }
            cout<<fixed<<setprecision(1)<<(n-cnt)*100.0/n<<" "<<cnt*100.0/n<<endl;
        }
    }

    //C 风格代码
    #include <stdio.h>
    #include <string.h>
    int main() {
        char c;
        int i,n,cnt;
        while(~scanf("%c",&c)) {     //若无法读入第一个字符，则表示到文件尾
            cnt=0,n=0;               //女生计数器 cnt、总人数计数器 n 清 0
            while(1) {
                if (c=='.') break;   //若输入'.'，则一组数据输入结束，跳出循环
                if (c=='f'||c=='F') cnt++;//若是女生，则女生计数器 cnt 增 1
                n++;                 //总人数计数器 n 增 1
                scanf("%c",&c);      //继续输入下一个字符
            }
            getchar();               //吸收行末的换行符
            printf("%.1lf %.1lf\n",(n-cnt)*100.0/n,cnt*100.0/n);
        }
        return 0;
    }
```

本题若用 C++的 string 变量或 C 语言的字符数组处理，则代码可更简洁。读者可在学完 string 变量或字符数组的相关知识后换一种方法求解。

13. 某校人数

某学校教职工人数不足 n 人，在操场排队，7 人一排余 5 人，5 人一排余 3 人，3 人一排余 2 人；请问该校人数有多少种可能？最多可能有几人？

输入格式：

测试数据有多组，处理到文件尾。每组测试输入一个整数 n（$1 \leq n \leq 10000$）。

输出格式：

对于每组测试，输出一行，包含 2 个以一个空格间隔的整数，分别表示该校教职工人数有几种可能和最多可能的人数。

输入样例：

1000

输出样例：

9 908

解析：

因总人数不足 n，故人数可从 1~n-1 逐个判断是否满足"7 人一排余 5 人，5 人一排余 3 人，3 人一排余 2 人"的条件，若满足则可能种数 cnt（初值为 0）增 1，并把人数保存在结果变量 res 中。显然，最后保存在 res 中的人数是最大的，即为"最多可能的人数"。

具体代码如下。

```cpp
//C++风格代码
#include<iostream>
using namespace std;
int main() {
    int n;
    while(cin>>n) {
        int cnt=0,res;
        //人数从 1~n-1 逐个判断是否满足条件，是则 cnt 增 1，并保存人数到 res 中
        for(int i=1; i<n; i++) {
            if(i%7==5&&i%5==3&&i%3==2) cnt++,res=i;
        }
        cout<<cnt<<" "<<res<<endl;
    }
    return 0;
}
```

```c
//C 风格代码
#include <stdio.h>
#include <string.h>
int main() {
    int i,n,res,cnt;
    while(~scanf("%d",&n)) {
        cnt=0;
        //人数从 1~n-1 逐个判断是否满足条件，是则 cnt 增 1，并保存人数到 res 中
        for(i=1; i<n; i++) {
            if(i%7==5&&i%5==3&&i%3==2) cnt++,res=i;
        }
        printf("%d %d\n",cnt,res);
    }
    return 0;
}
```

14. 昨天的日期

小明喜欢上了日期的计算。这次他要做的是日期的减 1 天操作，即求在输入日期的基础上减去 1 天后的结果日期。

例如：日期为 2019-10-01，减去 1 天，则结果日期为 2019-09-30。

输入格式：

首先输入一个正整数 T，表示测试数据的组数，然后是 T 组测试数据。每组测试输入 1 个日期，日期形式为 yyyy-mm-dd。保证输入的日期合法，而且输入的日期和计算结果都在 [1000-01-01，9999-12-31]范围内。

输出格式：

对于每组测试，在一行上以 yyyy-mm-dd 的形式输出结果。

输入样例：

1
2019-10-01

输出样例：

2019-09-30

解析：

设输入的年、月、日分别存放在变量 a、b、c 中，因需求前一天的日期，故日期 c 先减去 1，若 c 变为 0，则应使 c 为上个月的最后一天（根据月份确定，大月为 31、小月为 30，闰年 2 月为 29、平年 2 月为 28），相应的月份 b 减去 1，若 b 变为 0，则应使 b 为 12 且年份 a 减去 1。方便输出起见，使用 C 语言的 printf 函数，格式串为"%04d-%02d-%02d"，表示分别按 4 位、2 位和 2 位输出年、月、日，若位数不足，则左补 0。

具体代码如下。

```
//C++风格代码
#include<iostream>
using namespace std;
int main() {
    int T;
    cin>>T;
    while(T--) {
        int a,b,c;
        scanf("%d-%d-%d",&a,&b,&c);
        c--;                                        //日期减1
        if(c==0) {                                  //若日期为0，则昨天是上个月最后一天
            b--;                                    //月份减1
            if (b==0) {                             //若月份为0，则昨天是上一年最后一天
                b=12;                               //置月份为12
                a--;                                //年份减1
            }
            //根据月份输出上个月的最后一天
            if(b==1||b==3||b==5||b==7||b==8||b==10||b==12) c=31;
```

```
            else if(b==4||b==6||b==9||b==11) c=30;
            else if(b==2) {
                //根据是否闰年，确定 2 月的最后一天
                if(a%4==0&&a%100!=0||a%400==0) c=29;
                else c=28;
            }
        }
        printf("%04d-%02d-%02d\n",a,b,c);//按年份 4 位，月份、日份 2 位，左补 0 输出
    }
    return 0;
}

//C 风格代码
#include <stdio.h>
int main() {
    int T,a,b,c;
    scanf("%d",&T);
    while(T--) {
        scanf("%d-%d-%d",&a,&b,&c);
        c--;                                    //日期减 1
        if(c==0) {                              //若日期为 0，则昨天是上一个月最后一天
            b--;                                //月份减 1
            if (b==0) {                         //若月份为 0，则昨天是上一年最后一天
                b=12;                           //置月份为 12
                a--;                            //年份减 1
            }
            //根据月份输出上个月的最后一天
            if(b==1||b==3||b==5||b==7||b==8||b==10||b==12) c=31;
            else if(b==4||b==6||b==9||b==11) c=30;
            else if(b==2) {
                //根据是否闰年，确定 2 月的最后一天
                if(a%4==0&&a%100!=0||a%400==0) c=29;
                else c=28;
            }
        }
        printf("%04d-%02d-%02d\n",a,b,c);//按年份 4 位，月份、日期 2 位，左补 0 输出
    }
    return 0;
}
```

上述 C++代码也使用 C 语言的 printf 函数输出，如此输出带格式的数据可更加方便。若用 cout 输出，则可结合 setw 和 setfill 函数（头文件 iomanip），具体语句如下：

```
cout<<setfill('0')<<setw(4)<<a<<"-"<<setw(2)<<b<<"-"<<setw(2)<<c<<endl;
```

思考：若求前天、明天、后天等如何实现？
请读者自行思考并编程实现。

15. 直角三角形面积

已知直角三角形的三边长，求该直角三角形的面积。

输入格式：

首先输入一个正整数 T，表示测试数据的组数，然后是 T 组测试数据。每组数据输入 3 个整数 a、b、c，代表直角三角形的三边长。

输出格式：

对于每组测试输出一行，包含一个整数，表示直角三角形面积。

输入样例：

```
2
3 4 5
3 5 4
```

输出样例：

```
6
6
```

解析：

设直角三角形的两条直角边为 a、b，则其面积 $s=a\times b/2$。若能确定三条边中最大值，则另外两条边为直角边，故可先判断出斜边（值为三边中的最大值）再用前述公式求解。

具体代码如下。

```cpp
//C++风格代码
#include<iostream>
using namespace std;
int main() {
    int T;
    cin>>T;
    while(T--) {
        int a,b,c,s;
        cin>>a>>b>>c;
        if(c>a && c>b) s=(a*b)/2;     //c 为斜边长
        if(b>a && b>c) s=(a*c)/2;     //b 为斜边长
        if(a>b && a>c) s=(c*b)/2;     //a 为斜边长
        cout<<s<<endl;
    }
    return 0;
}

//C 风格代码
#include <stdio.h>
int main() {
    int T,a,b,c,s;
    scanf("%d",&T);
    while(T--) {
```

```
            scanf("%d%d%d",&a,&b,&c);
            if(c>a && c>b)  s=(a*b)/2;    //c 为斜边长
            if(b>a && b>c)  s=(a*c)/2;    //b 为斜边长
            if(a>b && a>c)  s=(c*b)/2;    //a 为斜边长
            printf("%d\n",s);
        }
        return 0;
    }
```

上述代码分三种情况分别进行计算，稍显烦琐。若能先求得三条边长的最大者，则可简化处理。请读者自行思考并编程实现。

16. 求累加和

输入两个整数 n 和 a，求累加和 $S=a+aa+aaa+\cdots+aa\cdots a$（$n$ 个 a）之值。

例如，当 $n=5$，$a=2$ 时，$S=2+22+222+2222+22222=24690$。

输入格式：

测试数据有多组，处理到文件尾。每组测试输入两个整数 n 和 a（$1 \leqslant n, a < 10$）。

输出格式：

对于每组测试，输出 $a+aa+aaa+\cdots+aa\cdots a$（$n$ 个 a）之值。

输入样例：

5 3
8 6

输出样例：

37035
74074068

解析：

可依次构造 1 个 a，2 个 a，…，n 个 a 构成的整数并逐个累加到累加单元 sum（初值为 0）中。设 t 为 i（$1 \leqslant i < n$）个 a 构成的整数，则由 $i+1$ 个 a 构成的整数可用 $t \times 10 + a$ 表示。

具体代码如下。

```
//C++风格代码
#include <iostream>
using namespace std;
int main() {
    int n,a;
    while(cin>>n>>a) {
        int t=a;                    //通项 t 初值置为 a
        int sum=0;                  //累加单元 sum 清 0
        for(int i=1; i<=n; i++) {
            sum+=t;                 //把 t 累加到 sum 中
            t=t*10+a;               //构造 i+1 个 a 构成的整数存放在 t 中
        }
```

```cpp
            cout<<sum<<endl;
        }
        return 0;
    }

    //C风格代码
    #include <stdio.h>
    int main() {
        int a,i,n,t,sum;
        while(~scanf("%d%d",&n,&a)) {
            sum=0,t=a;                      //累加单元sum清0、通项t初值置为a
            for(i=1; i<=n; i++) {
                sum+=t;                     //把t累加到sum中
                t=t*10+a;                   //构造i+1个a构成的整数存放在t中
            }
            printf("%d\n",sum);
        }
        return 0;
    }
```

17. 菱形

输入一个整数 n，输出 $2n-1$ 行构成的菱形，例如，$n=5$ 时的菱形如输出样例所示。

输入格式：

测试数据有多组，处理到文件尾。每组测试输入一个整数 n（$3 \leqslant n \leqslant 20$）。

输出格式：

对于每组测试数据，输出一个共 $2n-1$ 行的菱形，具体参看输出样例。

输入样例：

5

输出样例：

```
    *
   ***
  *****
 *******
*********
 *******
  *****
   ***
    *
```

解析：

观察图形，发现规律：图形分为上下两部分，上半部分有 n 行，第 i（$1 \leqslant i \leqslant n$）行有 $2i-1$ 个星号"*"，行首有 $n-i$ 个空格；下半部分与上半部分是以第 n 行为界上下对称的，即第 $n+1$ 行与第 $n-1$ 行相同，第 $n+2$ 行与第 $n-2$ 行相同……最后一行与第一行相同。

因此，可分为上下两部分输出，上半部分循环变量 i 从 $1\sim n$ 循环，下半部分循环变量 i 从 $n-1\sim 1$ 循环，每行的空格数和星号数如前述。

具体代码如下。

```cpp
//C++风格代码
#include<iostream>
using namespace std;
int main() {
    int n;
    while(cin>>n) {
        for(int i=1; i<=n; i++) {               //上半部分 n 行的图形输出
            for(int j=1; j<=n-i; j++)           //每行行首的空格输出
                cout<<" ";
            for(int j=1; j<=2*i-1; j++)         //每行的星号输出
                cout<<"*";
            cout<<endl;
        }
        for(int i=n-1; i>=1; i--) {             //下半部分 n-1 行的图形输出
            for(int j=1; j<=n-i; j++)           //每行行首的空格输出
                cout<<" ";
            for(int j=1; j<=2*i-1; j++)         //每行的星号输出
                cout<<"*";
            cout<<endl;
        }
    }
    return 0;
}

//C 风格代码
#include <stdio.h>
int main() {
    int i,j,n;
    while(~scanf("%d",&n)) {
        for(i=1; i<=n; i++) {                   //上半部分 n 行的图形输出
            for(j=1; j<=n-i; j++)               //每行行首的空格输出
                printf(" ");
            for(j=1; j<=2*i-1; j++)             //每行的星号输出
                printf("*");
            printf("\n");
        }
        for(i=n-1; i>=1; i--) {                 //下半部分 n-1 行的图形输出
            for(j=1; j<=n-i; j++)               //每行行首的空格输出
                printf(" ");
            for(j=1; j<=2*i-1; j++)             //每行的星号输出
                printf("*");
            printf("\n");
```

```
            }
        }
        return 0;
}
```

注意，对于二维图形，每行的行末一般是没有空格的，若在行末输出空格，则在线提交将得到"格式错"的反馈。二维图形的输出，一般的方法是先观察出规律，然后用二重循环输出，其中外循环（可能有多个，如本题有 2 个，分别输出上下两部分）控制行数，内循环（可能有多个，如本题有 2 个，分别输出空格和星号）控制每行的具体输出。

18. 水仙花数

输入两个 3 位的正整数 m，n，输出$[m, n]$区间内所有的"水仙花数"。所谓"水仙花数"是指一个 3 位数，其各位数字的立方和等于该数本身。

例如，153 是一水仙花数，因为 $153 = 1 \times 1 \times 1 + 5 \times 5 \times 5 + 3 \times 3 \times 3$。

输入格式：

测试数据有多组，处理到文件尾。每组测试输入两个 3 位的正整数 m，n（$100 \leq m < n \leq 999$）。

输出格式：

对于每组测试，若$[m, n]$区间内没有水仙花数则输出 none，否则逐行输出区间内所有的水仙花数，每行输出的格式为：$n=a*a*a+b*b*b+c*c*c$，其中 n 是水仙花数，a、b、c 分别是 n 的百、十、个位上的数字，具体参看输出样例。

输入样例：

```
100 150
100 200
```

输出样例：

```
none
153=1*1*1+5*5*5+3*3*3
```

解析：

对$[m, n]$区间内每个数检查是否满足水仙花数的条件，若满足则输出，同时计数器 cnt（初值为 0）增 1。若 cnt 为 0，则输出 none。对于一个三位数的个、十、百位上的数字，可用数位分离的方法（使用%、/运算符）。

具体代码如下。

```
//C++风格代码
#include<iostream>
using namespace std;
int main() {
    int m,n;
    while(cin>>m>>n) {
        int a,b,c,cnt=0;                          //计数器 cnt 清 0
        for(int i=m; i<=n; i++) {                 //对区间内的每个数检查是否满足条件
```

```
            a=i%10;                        //求个位上的数
            b=(i/10)%10;                   //求十位上的数
            c=i/100;                       //求百位上的数
            if(i==a*a*a+b*b*b+c*c*c) {     //若满足条件，则输出并使计数器增1
                cout<<i<<"="<<c<<"*"<<c<<"*"<<c<<"+"<<b<<"*"<<b<<"*"<<b
                    <<"+"<<a<<"*"<<a<<"*"<<a<<endl;
                cnt++;
            }
        }
        if (!cnt) cout<<"none\n";          //若计数器为 0，则输出 none
    }
    return 0;
}

//C 风格代码
#include <stdio.h>
int main() {
    int a,b,c,i,m,n,cnt;
    while(~scanf("%d%d",&m,&n)) {
        cnt=0;                             //计数器 cnt 清 0
        for(i=m; i<=n; i++) {              //对区间内的每个数检查是否满足条件
            a=i%10;                        //求个位上的数
            b=(i/10)%10;                   //求十位上的数
            c=i/100;                       //求百位上的数
            if(i==a*a*a+b*b*b+c*c*c) {     //若满足条件，则输出并使计数器增1
                printf("%d=%d*%d*%d+%d*%d*%d+%d*%d*%d\n",i,c,c,c,b,b,b,a,a,a);
                cnt++;
            }
        }
        if (!cnt) puts("none");            //若计数器为 0，则输出 none
    }
    return 0;
}
```

19. 猴子吃桃

猴子第一天摘下若干个桃子，当即吃了 2/3，还不过瘾，又多吃了一个，第二天早上又将剩下的桃子吃掉 2/3，又多吃了一个；以后每天早上都吃了前一天剩下的 2/3 再多一个。到第 n 天早上想再吃时，发现只剩下 k 个桃子了。求第一天共摘了多少桃子。

输入格式：

首先输入一个正整数 T，表示测试数据的组数，然后是 T 组测试数据。每组数据输入 2 个正整数 n，k（$1 \leq n, k \leq 15$）。

输出格式：

对于每组测试数据，在一行上输出第一天共摘了多少个桃子。

输入样例：

2
2 1
4 2

输出样例：

6
93

解析：

本题是一道递推题，需先确定递推式。设前一天的桃子数为 x，当天剩余的桃子数为 y，则有 $y=x-(2x/3+1)=x/3-1$，前一天的桃子数 x 为 $3(y+1)$。如此可从第 n 天剩余的 k 个桃子倒推 $n-1$ 天得到第一天摘得的桃子数。

具体代码如下。

```cpp
//C++风格代码
#include<iostream>
using namespace std;
int main() {
    int T;
    cin>>T;
    for(int i=0; i<T; i++) {
        int n, k, s;
        cin>>n>>k;
        s=k;                        //s 初值置为 k
        for(int j=1; j<n; j++) {    //循环 n-1 次
            s=3*(s+1);              //根据所推计算式，迭代求 s
        }
        cout<<s<<endl;
    }
    return 0;
}
```

```c
//C 风格代码
#include <stdio.h>
int main() {
    int T, i, j, k, n, s;
    scanf("%d",&T);
    while(T--) {
        scanf("%d%d",&n,&k);
        s=k;                        //s 初值置为 k
        for(j=1; j<n; j++) {        //循环 n-1 次
            s=3*(s+1);              //根据所推计算式，迭代求 s
        }
        printf("%d\n",s);
```

```
        }
        return 0;
}
```

当 n 等于 1 时，上述代码中的 for 循环不执行，因设 s 的初值为 k，故也能得到正确结果为 k。

20. 分解素因子

假设 n 是一个正整数，它的值不超过 1000000，请编写一个程序，将 n 分解为若干个素数的乘积。

输入格式：

首先输入一个正整数 T，表示测试数据的组数，然后是 T 组测试数据。每组测试数据输入一个正整数 n（$1<n\leq 1000000$）。

输出格式：

每组测试对应一行输出，输出 n 的素数乘积表示式，要求式中的素数从小到大排列，两个素数之间用一个"*"表示乘法。若输入的是素数，则直接输出该数。

输入样例：

```
2
9828
88883
```

输出样例：

```
2*2*3*3*3*7*13
88883
```

解析：

本题需把正整数 n 分解为若干素数的乘积。因最小的素数是 2，故可用变量 i 从 2 开始判断是否为 n 的因子，若是则输出 i 和星号"*"并使 $n/=i$，然后继续判断 i 是否是 n 的因子，否则使 i 增 1，当 i 大于 $n/2$ 时结束循环并输出剩余的 n 值（原来 n 的最后一个因子）。

具体代码如下。

```cpp
//C++风格代码
#include <iostream>
using namespace std;
int main() {
    int T;
    cin>>T;
    while(T--) {
        int n, i=2;                    //从最小的素数 2 开始
        cin>>n;
        while(true){
            if(n%i==0) {               //若 i 是 n 的因子，则输出 i，并使 n/=i
                cout<<i<<"*";
                n=n/i;
```

```
            }
            else i++;                    //取下一个素数
            if (i>n/2) break;            //若已不存在其他因子，则结束循环
        }
        cout<<n<<endl;                   //输出 n 的最后一个因子
    }
    return 0;
}

//C 风格代码
#include <stdio.h>
int main() {
    int T,i,n;
    scanf("%d",&T);
    while(T--) {
        scanf("%d",&n);
        i=2;                             //从最小的素数 2 开始
        while(1){
            if(n%i==0) {                 //若 i 是 n 的因子，则输出 i，并使 n/=i
                printf("%d*",i);
                n=n/i;
            }
            else i++;                    //取下一个素数
            if (i>n/2) break;            //若已不存在其他因子，则结束循环
        }
        printf("%d\n",n);                //输出 n 的最后一个因子
    }
    return 0;
}
```

若 n 为素数，则条件 n%i==0 不会成立，n/=i 不执行，n 不会改变，最终 n 原样输出。上述代码没有判断素数或素因子，为什么可以这样呢？请读者自行思考和分析。本题还有其他解法，请读者自行思考并编程实现。

21. 斐波那契分数序列

求斐波那契分数序列的前 n 项之和。斐波那契分数序列的首项为 $\frac{2}{1}$，后面依次是：$\frac{3}{2}$，$\frac{5}{3}$，$\frac{8}{5}$，$\frac{13}{8}$，$\frac{21}{13}$ ...

输入格式：
测试数据有多组，处理到文件尾。每组测试输入一个正整数 n（2≤n≤20）。
输出格式：
对于每组测试，输出斐波那契分数序列的前 n 项之和。结果保留 6 位小数。

输入样例:

8
15

输出样例:

13.243746
24.570091

解析:

观察斐波那契分数序列,发现规律:首项是 $\frac{2}{1}$,从第二项开始,分母是前一项的分子,分子是前一项的分子和分母之和。据此规律,本题可用迭代法求解。

具体代码如下。

```cpp
//C++风格代码
#include<iostream>
using namespace std;
int main() {
    int n;
    while(cin>>n) {
        double a=2,b=1,s=2;        //a 存放分子、b 存放分母,s 存放累加和,初值对应首项
        for(int i=1; i<n; i++){    //循环 n-1 次,计算并累加除首项之外的其他项
            double c=a+b,d;        //c 暂存前一项的分子和分母之和
            b=a;                   //当前项的分母为前一项的分子
            a=c;                   //当前项的分子为前一项的分子和分母之和
            d=a/b;                 //计算当前项
            s+=d;                  //累加当前项
        }
        printf("%lf\n",s);         //printf 输出实数时默认 6 位小数
    }
}
```

```c
//C 风格代码
#include <stdio.h>
int main() {
    int i,n;
    double a,b,c,d,s;
    while(~scanf("%d",&n)) {
        a=2,b=1,s=2;               //a 存放分子、b 存放分母,s 存放累加和,初值对应首项
        for(i=1; i<n; i++) {       //循环 n-1 次,计算并累加除首项之外的其他项
            c=a+b;                 //c 暂存前一项的分子和分母之和
            b=a;                   //当前项的分母为前一项的分子
            a=c;                   //当前项的分子为前一项的分子和分母之和
            d=a/b;                 //计算当前项
            s+=d;                  //累加当前项
        }
```

```
            printf("%lf\n",s);          //printf输出实数时默认 6 位小数
    }
    return 0;
}
```

上述代码为避免整数整除整数结果为整数,将保存分子 a、分母 b 等的变量定义为 double 类型。若 a、b 定义为 int 类型,则 d 的计算可用"d=1.0*a/b;""d=a*1.0/b;""d=(double) a/b;" "d=double (a)/b;"等语句。

22. n 马 n 担问题

有 n 匹马,驮 n 担货,大马驮 3 担,中马驮 2 担,两匹小马驮 1 担,问有大、中、小马各多少匹(某种马的匹数可以为 0)?

输入格式:

测试数据有多组,处理到文件尾。每组测试输入一个正整数 n($8 \leqslant n \leqslant 1000$)。

输出格式:

对于每组测试,逐行输出所有符合要求的大、中、小马的匹数。要求按大马数从小到大的顺序输出,每两个数字之间留一个空格。

输入样例:

20

输出样例:

1 5 14
4 0 16

解析:

设大、中、小马各有 a、b、c 匹,依题意需满足条件:$a+b+c=n$、$3a+2b+c/2=n$。故可用穷举法求解,采用三重循环分别对 a、b、c 可能的取值逐个尝试,判断是否满足上述条件。但这样的代码在线提交可能得到超时反馈。实际上,若大马有 a 匹、中马有 b 匹,因马匹总数为 n,则小马匹数为 $c=n-a-b$,故可用二重循环求解。

具体代码如下:

```
//C++风格代码
#include <iostream>
using namespace std;
int main() {
    int n;
    while(cin>>n) {
        int a,b,c;
        for(a=0; a<=n/3; a++) {               //穷举大马可能的匹数
            for(b=0; b<=n/2; b++) {            //穷举中马可能的匹数
                c=n-a-b;                        //计算得到小马的匹数
                if(3*a+2*b+c/2==n&&c%2==0)     //若满足总担数为 n,则输出
                    printf("%d %d %d\n",a,b,c);
```

```
            }
        }
    }
    return 0;
}

//C风格代码
#include <stdio.h>
int main() {
    int a,b,c,n;
    while(~scanf("%d",&n)) {
        for(a=0; a<=n/3; a++) {                    //穷举大马可能的匹数
            for(b=0; b<=n/2; b++) {                //穷举中马可能的匹数
                c=n-a-b;                           //计算得到小马的匹数
                if(3*a+2*b+c/2==n&&c%2==0)        //若满足总担数为 n，则输出
                    printf("%d %d %d\n",a,b,c);
            }
        }
    }
    return 0;
}
```

注意，小马匹数需为 2 的倍数，故上述代码 if 条件中同时判断 $c\%2==0$。实际上，若把 $c/2$ 改为 $c/2.0$，则可省去该条件判断。

另外，本题还可进一步优化为一重循环求解，具体代码实现留给读者自行完成。

数组习题解析

4.1 选择题解析

1. 下列说法正确的是（　　）。
   A. 有定义语句 "int a[10];"，则数组名 *a* 代表 &*a*[1]
   B. 数组元素的下标必须为整型常量
   C. 在定义一维数组时，数组长度可以用任意类型的表达式表示
   D. 若有定义语句 "int i=10,a[10];"，则可以用 *a*[*i*/3+3] 表达数组元素

   解析：
   一维数组名代表数组的首地址，即数组首元素的地址，C/C++语言中下标从 0 开始，一维数组名 *a* 代表&*a*[0]，故选项 A 有误；数组元素的下标可为整型的常量、变量或表达式，故选项 B 有误；在定义一维数组时，数组长度需用整型或能转换为整型的表达式表示，故选项 C 有误；选项 D 中 *a*[*i*/3+3] 表示 *a*[6]，故答案选 D。

2. 在 C/C++语言中引用数组元素时，对于数组下标的要求，下列选项中最合适的是（　　）。
   A. 整型常量　　　B. 整型变量　　　C. 整型表达式　　　D. 任何类型的表达式

   解析：
   数组元素的下标可为整型的常量、变量或表达式，而常量和变量也可视为表达式，故答案选 C。

3. 有数组初始化语句 "int a[4]={1,2,3,4};"，则 *a*[3]的值为（　　）。
   A. 4　　　　　B. 3　　　　　C. 2　　　　　D. 1

   解析：
   a[3]是数组中的第 4 个元素，其值为 4，答案选 A。

4. 有数组初始化语句 "int a[] ={1,2,3,4,5,6,7,8,9,10};"，则数值最小和最大的元素下标分别是（　　）。
   A. 1，10　　　B. 0，9　　　C. 1，9　　　D. 0，10

   解析：
   数组初始化后共包含 10 个元素，下标范围为 0~9，最小的元素为 1，其下标为 0；最大元素为 10，其下标为 9，答案选 B。

5. 有数组定义语句"int i=3,a[20];"，则元素引用错误的是（　　）。
   A. a[7*i-1]　　　B. a[2*i*i+1]　　　C. a[3*i+1]　　　D. a[0]

解析：
数组长度为 20，下标范围为 0~19，*i* 等于 3，选项 A 的 *a*[7*i-1]表示 *a*[20]，故下标越界，答案选 A。其他选项分别表示 *a*[19]、*a*[10]、*a*[0]，下标都在有效范围内。

6. 与语句"int a[10]={0};"能达到相同效果的语句是（　　）。
   A. int a[10]; a[0]=0;
   B. int i,a[10]; for (i=0; i<10; i++) a[i]=0;
   C. int i,a[10]; for (i=1; i<=10; i++) a[i]=0;
   D. int a[10]; a[10]=0;

解析：
语句"int a[10]={0};"是部分初始化，将 *a*[0]明确初始化为 0，而其余元素 *a*[1]~*a*[9]自动初始化为 0，达到将 *a* 数组清 0（所有元素都置为 0）的效果，故答案选 B。

7. 以下对字符数组进行初始化，错误的是（　　）。
   A. char c1[3]={'1','2','3'};
   B. char c2[3]="123";
   C. char c3[ ]={ '1','2','3','\0'};
   D. char c4[ ]="123";

解析：
选项 A 实现将长度为 3 的字符数组整体初始化；选项 B 的数组长度为 3，但初始化值表是包含 4 个字符的字符串"123"（最后一个字符为字符串结束符'\0'），出现下标越界问题，故答案选 B；选项 C、D 实现将字符数组整体初始化，数组长度省略，则根据初始化元素个数确定为 4。

8. 设有定义语句"char s[12] = "string" ;"，则语句"printf("%d\n",strlen(s));"的输出是（　　）。
   A. 6　　　　　B. 7　　　　　C. 11　　　　　D. 12

解析：
strlen 是求串长的函数，字符串"string"的长度为 6，故答案选 A。

9. 以下数组初始化中，合法的是（　　）。
   A. char a[ ]="string";　　　　　B. int a[5]={0,1,2,3,4,5};
   C. char a="string";　　　　　　D. char a[6]="string";

解析：
字符串"string"包含 7 个字符（最后一个字符为字符串结束符'\0'），选项 A 的数组长度缺省，则根据初始化值表确定为 7，故答案选 A。选项 B 的初始化值表包含 6 个元素，但数组长度指定为 5，产生下标越界问题；选项 C 用字符串初始化字符变量，有误；选项 D 的初始化值表包含 7 个字符，但数组长度指定为 6，产生下标越界问题。

10. 以下初始化数组的各语句中，错误的是（　　）。
  A. `int a[3][]={1,2,3,4,5,6};`
  B. `int a[2][2]={1,2,3,4};`
  C. `float a[2][5]={0,2,4,6,8,10};`
  D. `int a[][3]={1,2,3,4,5,6};`

解析：
二维数组初始化时第一维长度可以省略，但第二维长度不能省略，故答案选 A。选项 B 用 4 个元素初始化 2 行 2 列的二维数组；选项 C 用 6 个元素部分初始化 2 行 5 列的二维数组；选项 D 用 6 个元素初始化第二维长度为 3 的二维数组，计算可得默认的第一维长度为 2。

11. 有定义语句"char s[10];"，可以把字符串常量"123456"赋值给字符数组 *s* 的正确语句是（　　）。
  A. `s[]="123456";`   B. `s="123456";`
  C. `strcpy(s,"123456");`   D. `strcmp(s,"123456");`

解析：
选项 A 语法有误；字符数组名代表数组的首地址，不能直接用赋值运算"="赋值，故选项 B 有误；若需将字符串常量赋值给字符数组，则应使用字符串拷贝函数 strcpy，故答案选 C。选项 D 中的 strcmp 函数实现字符串或字符数组的比较。

12. 基于以下代码，不能正确输出字符串的是（　　）。
```
string s;
char ts[10];
cin>>ts;
s=ts;
```
  A. `printf("%s\n", s);`   B. `printf("%s\n", s.c_str());`
  C. `cout<<s<<endl;`   D. `printf("%s\n", ts);`

解析：
用 printf 函数使用格式"%s"输出 string 类型的字符串时需先将其用成员函数 c_str() 转换为 C 语言的字符数组，故选 A 不能正确输出字符串，选 B 能正确输出字符串，答案选 A。选项 C 用 cout 输出 string 类型变量，选项 D 用 printf 函数使用格式"%s"输出字符数组，都是可以的。

13. 有初始化语句"int a[3][4]={1,3,5,7,9};"，则 *a*[1][2]的值为（　　）。
  A. 0   B. 3   C. 5   D. 9

解析：
数组下标从 0 开始，a[1][2]代表数组中的第 7 个元素，因数组仅部分初始化了前 5 个元素，其余元素自动初始化为 0，故答案选 A。

14. 语句 "int a[3][4]={0};" 的作用是（ ）。
    A. 仅使得元素 $a[0][0]$ 为 0   B. 仅使得元素 $a[1][1]$ 为 0
    C. 使得所有元素都为 0   D. 仅使得元素 $a[3][4]$ 为 0

解析：
语句 "int a[3][4]={0};" 明确初始化 $a[0][0]$ 为 0，其余元素自动初始化为 0，达到使二维数组所有元素为 0 的效果，故答案选 C。

15. 有数组初始化语句 "int a[3][2]={1,2,3,4,5,6};"，则值为 6 的数组元素是（ ）。
    A. $a[3][2]$ B. $a[2][1]$ C. $a[1][2]$ D. $a[2][3]$

解析：
二维数组共 3 行 2 列，下标从 0 开始，行下标范围为 0~2，列下标范围为 0~1。选项 A、C、D 都有下标越界问题。值为 6 的元素是数组的最后一个元素 $a[2][1]$，答案选 B。

16. 有数组定义语句 "int a[2][3];"，则元素引用错误的是（ ）。
    A. $a[1][3]$ B. $a[0][2]$ C. $a[1][2]$ D. $a[1][0]$

解析：
二维数组共 2 行 3 列，下标从 0 开始，行下标范围为 0~1，列下标范围为 0~2。选项 A 的列下标越界，故答案选 A。其余选项的下标都在有效范围内。

17. 执行以下代码后，k 的值是（ ）。

```
string s="123456", t="7788";
int k=s.find(t);
```

    A. 4294967295   B. -1   C. 0   D. 0xffffffff

解析：
s.find(t)在主串 s 中查找子串 t，若找到则返回 s 中的首字符或 t 在该字符串中的位置，否则返回 string::npos（32 位编译器下其值为 0xffffffff，64 位编译器下其值为 0xffffffffffffffff，若赋值给 int 类型变量则等于-1），因 t（"7788"）在 s（"123456"）中不存在，故 k 的值为 -1，答案选 B。

18. 以下代码的输出结果是（ ）。

```
string s="123";
char c='a';
cout<<s+c<<endl;
```

  A. 语句出错 B. 188   C. 123a   D. 12310

解析：

运算符"+"用在两个字符串之间或一个字符串与一个字符之间时是字符串连接符，将两个字符串连接为一个字符串或者将一个字符连接到一个字符串中，这里的 s+c 表示将字符变量 c 的值连接到字符串 s 之后，故答案选 C。

19. 以下代码的输出结果是（   ）。

```
string s="12300",t="1256";
cout<<(s<t)<<endl;
```

  A. true   B. false   C. 1   D. 0

解析：

string 类型的变量可以直接使用关系运算符进行比较，比较时逐个字符进行，若对应位置上的字符相等则继续比较，否则结束比较并得到比较结果。这里 s 和 t 的前 2 个字符'1'和'2'对应相等，而 s 中的第 3 个字符'3'小于 t 中的第 3 个字符'5'，故 s<t 成立，比较结果为 true，输出时 true 转换为整数 1，故答案选 C。

20. 以下代码的输出结果是（   ）。

```
string s, t;
s="abcdefgh";
t=s.substr(3);
cout<<t<<endl;
```

  A. abc   B. cdefgh   C. defgh   D. fgh

解析：

string 类型变量的下标从 0 开始，s.substr(3)表示取 s 中从下标 3 开始的所有字符构成的子串，答案选 C。

21. 以下代码的输出结果是（   ）。

```
string s, t;
s="abcdefgh";
t=s.substr(3,4);
cout<<t<<endl;
```

  A. defg   B. cdef   C. defgh   D. 语句出错

解析：

string 类型变量的下标从 0 开始，s.substr(3,4)表示取 s 中从下标 3 开始的 4 个字符构成的子串，答案选 A。

22. 以下代码的输出结果是（   ）。

```
string s="123";
int sum=0;
for(int i=0;i<s.length();i++) {
    sum=sum*10+(s[i]-'0');
}
cout<<sum<<endl;
```

  A. 5451   B. 123   C. 321   D. 不确定

解析：

以上循环代码实现将数字字符串转换为整数的功能，这里是将数字字符串"123"转换为整数 123，故答案选 B。

23. 有代码如下：

```
string s="";
s[0]='1';
```

则关于以上语句说法正确的是（ ）。

  A. 语句"s[0]='1';" 有问题   B. s 的值为字符'1'
  C. s 是空格串   D. s 的值为字符串"1"

解析：

s 初始化为空串，则不能使用下标，因为 s[0] 表示 s 中至少有一个字符，与 s 是空串矛盾，故答案选 A。因语句"s[0]='1';" 有问题，选项 B、D 说法都不正确；s 是空串而不是空格串，选项 C 有误。

24. 有代码如下：

```
string s;
cin>>s;
cout<<s<<endl;
```

输入以下字符串，以上代码输出的是（ ）。

`123 abc`

  A. 123 abc   B. 123   C. abc   D. 123abc

解析：

cin 输入 string 类型变量时，在遇到空格符、换行符或制表符等时结束输入，因输入的 123 之后是空格而结束输入，之后的 abc 无法作为本次输入，故答案选 B。

25. 有代码如下：

```
int n;
string s;
cin>>n;
```

```
getline(cin, s);
cout<<s.size()<<endl;
```

则在输入以下数据后得到的结果是（　　）。

```
1
Hello World
```

  A. 11   B. 0   C. 5   D. 12

解析：

getline 输入 string 类型变量时，把以换行符结束的整行作为一个字符串输入，因此串中可以包含空格。本题代码中，getline 之前用 cin 输入一个整数 n，在确认 n 输入 "1" 时需按回车键，其中包含换行符，该换行符将被 cin 之后的 getline 函数得到，从而使 getline 函数的参数 s 为空串（串长为 0），之后的 Hello World 无法输入，故答案选 B。

26. 以下代码的输出结果是（　　）。

```
string res="";
string s,t="123456";
s=string(3,'0');    //相当于s="000";
s=s+"123";
for(int i=5;i>=0;i--) {
    char c=s[i]+t[i]-'0';
    res=c+res;
}
cout<<res<<endl;
```

  A. 975321 B. 236456 C. 654632 D. 123579

解析：

本题代码把字符串"000123"和"123456"从最后一位开始往前逐位相加每次得到一个结果数字字符 c，再将 c 连接到结果字符串 res（初始化为空串）之前，类似于两个以字符串表示的整数相加，故答案选 D。

4.2　编程题解析

1. 部分逆置

输入 n 个整数，把第 i 个到第 j 个之间的全部元素进行逆置，并输出逆置后的 n 个数。

输入格式：

首先输入一个正整数 T，表示测试数据的组数，然后是 T 组测试数据。每组测试先输入三个整数 n、i、j（$0<n<100$，$1 \leqslant i<j \leqslant n$），再输入 n 个整数。

输出格式：

对于每组测试数据，输出逆置后的 n 个数，要求每两个数据之间留一个空格。

输入样例：

1
7 2 6 11 22 33 44 55 66 77

输出样例：

11 66 55 44 33 22 77

解析：

逆置第 *i* 个到第 *j* 个之间的全部元素，可直接交换 *i*、*j* 所指的元素，然后 *i* 往后走，*j* 往前走，直到 *i*、*j* 相等为止。方便起见，将 *i*、*j* 转换为下标，即将输入的 *i*、*j* 各自减 1。

对于"每两个数据之间留一个空格"的要求，采用"第一个数据除外，输出每个数据之前，先输出一个空格"的策略。

具体代码如下。

```cpp
//C++风格代码
#include <iostream>
using namespace std;
const int N=100;
int main() {
    int T;
    cin>>T;
    while(T--) {
        int a[N], n, i, j, k;
        cin>>n>>i>>j;
        for(k=0; k<n; k++) cin>>a[k];
        //逐个交换i、j所指元素，i++、j--，直到i、j相等
        for(i--,j--; i<j; i++,j--) {
            int t=a[i];
            a[i]=a[j];
            a[j]=t;
        }
        for(k=0; k<n; k++) {            //输出，控制每两个数据之间留一个空格
            if (k>0) cout<<" ";         //若不是第一个数据，则先输出一个空格
            cout<<a[k];
        }
        cout<<endl;
    }
    return 0;
}
```

```c
//C风格代码
#include <stdio.h>
#define N 100
int main() {
    int a[N], T, i, j, k, n, t;
```

```
        scanf("%d",&T);
        while(T--) {
            scanf("%d%d%d",&n,&i,&j);
            for(k=0; k<n; k++) scanf("%d",&a[k]);
            //逐个交换 i、j 所指元素，i++、j--，直到 i、j 相等
            for(i--,j--; i<j; i++,j--) {
                t=a[i];
                a[i]=a[j];
                a[j]=t;
            }
            for(k=0; k<n; k++) {         //输出，控制每两个数据之间留一个空格
                if (k>0) printf(" ");    //若不是第一个数据，则先输出一个空格
                printf("%d",a[k]);
            }
            printf("\n");
        }
        return 0;
    }
```

2. 保持数列有序

有 n 个整数，已经按照从小到大顺序排列好，现在另外给一个整数 x，请将该数插入序列中，并使新的序列仍然有序。

输入格式：

测试数据有多组，处理到文件尾。每组测试先输入两个整数 n（$1 \leqslant n \leqslant 100$）和 x，再输入 n 个从小到大有序的整数。

输出格式：

对于每组测试，输出插入新元素 x 后的数列（元素之间留一个空格）。

输入样例：

3 3 1 2 4

输出样例：

1 2 3 4

解析：

先查找 x 的插入位置（下标），再将该位置及其后的所有元素后移一个位置，然后将 x 插入该位置。考虑到 x 可能插入在最后一个位置，可先将 x 放到最后位置。

对于"元素之间留一个空格"的要求，采用"第一个元素除外，输出每个元素之前，先输出一个空格"的策略。

具体代码如下。

```
//C++风格代码
#include <iostream>
using namespace std;
int main() {
```

```cpp
        int n, x;
        while(cin>>n>>x) {
            int i, a[101];
            for(i=0; i<n; i++) cin>>a[i];
            a[n]=x;                             //先将 x 放到最后位置
            for(i=0; i<n; i++) {                //扫描数组，查找插入位置
                if(a[i]>x) {                    //找到 x 的插入位置 i
                    for(int j=n; j>i; j--)      //将 i 及其后的元素后移一个位置
                        a[j]=a[j-1];
                    a[i]=x;                     //将 x 插入位置 i
                    break;
                }
            }
            for(i=0; i<=n; i++) {
                if(i>0) cout<<" ";              //若不是第一个元素，则先输出一个空格
                cout<<a[i];
            }
            cout<<endl;
        }
        return 0;
    }
```

//C 风格代码
```c
#include <stdio.h>
int main() {
    int a[101], i, j, n, x;
    while(~scanf("%d%d",&n,&x)) {
        for(i=0; i<n; i++) scanf("%d",&a[i]);
        a[n]=x;                             //先将 x 放到最后位置
        for(i=0; i<n; i++) {                //扫描数组，查找插入位置
            if(a[i]>x) {                    //找到 x 的插入位置 i
                for(j=n; j>i; j--)          //将 i 及其后的元素后移一个位置
                    a[j]=a[j-1];
                a[i]=x;                     //将 x 插入位置 i
                break;
            }
        }
        for(i=0; i<=n; i++) {
            if(i>0) printf(" ");            //若不是第一个元素，则先输出一个空格
            printf("%d",a[i]);
        }
        printf("\n");
    }
    return 0;
}
```

注意，将 i 位置及其之后所有元素后移一个位置应从后往前移，即先移 $a[n-1]$，再移

$a[n-2]$……直到 $a[i]$。原因请读者自行给出。另外，请读者思考：若不先将 x 放到最后位置，即不做 $a[n]=x$，会产生什么问题？

3. 简单的归并

已知数组 A 有 m 个元素，数组 B 有 n 个元素，且元素按值非递减排列，现要求把 A 和 B 归并为一个新的数组 C，且 C 中的数据元素仍然按值非递减排列。

例如，若 $A=(3, 5, 8, 11)$，$B=(2, 6, 8, 9, 11, 15, 20)$，
则 $C=(2, 3, 5, 6, 8, 8, 9, 11, 11, 15, 20)$。

输入格式：

首先输入一个正整数 T，表示测试数据的组数，然后是 T 组测试数据。

每组测试数据输入两行，其中第一行首先输入 A 的元素个数 m（$1 \leqslant m \leqslant 100$），然后输入 m 个元素。第 2 行首先输入 B 的元素个数 n（$1 \leqslant n \leqslant 100$），然后输入 n 个元素。

输出格式：

对于每组测试数据。分别输出将 A、B 合并后的数组 C 的全部元素。输出的元素之间以一个空格分隔（最后一个数据之后没有空格）。

输入样例：

```
1
4 3 5 8 11
7 2 6 8 9 11 15 20
```

输出样例：

```
2 3 5 6 8 8 9 11 11 15 20
```

解析：

先依次逐个比较 A、B 数组中的当前元素（分别以下标 i、j 指向），将其中小者不断存放到 C 数组当前最后位置（以下标 k 指向），再将 A 或 B 数组中的剩余元素逐个存放到 C 数组中。对于"元素之间以一个空格分隔"的要求，采用"第一个元素除外，输出每个元素之前，先输出一个空格"的策略。具体代码如下。

```cpp
//C++风格代码
#include<iostream>
using namespace std;
int main() {
    int T;
    cin>>T;
    while(T--) {
        int a[100], b[100], c[200], i, j, m, n;
        cin>>m;
        for(i=0; i<m; i++) cin>>a[i];       //输入 a 数组
        cin>>n;
        for(j=0; j<n; j++) cin>>b[j];       //输入 b 数组
        int k=0;                             //k 是指向 c 数组最后元素的下标，初值为 0
        i=j=0;                               //下标 i、j 分别指向 a、b 数组当前元素
```

```
            while(i<m && j<n) {              //当i,j都还指向元素时循环
                if (a[i]<b[j]) {             //若a[i]<b[j],则将a[i]放到c数组中
                    c[k++]=a[i++];
                }
                else {                       //若a[i]>=b[j],则将b[j]放到c数组中
                    c[k++]=b[j++];
                }
            }
            for(; i<m; i++) c[k++]=a[i];     //将a数组中剩余元素复制到c数组中
            for(; j<n; j++) c[k++]=b[j];     //将b数组中剩余元素复制到c数组中
            for(i=0; i<k; i++) {
                if (i>0) cout<<" ";          //若不是第一个元素,则先输出一个空格
                cout<<c[i];
            }
            cout<<endl;
        }
        return 0;
    }

    //C风格代码
    #include <stdio.h>
    int main() {
        int a[100], b[100], c[200], T, i, j, k, m, n;
        scanf("%d",&T);
        while(T--) {
            scanf("%d",&m);
            for(i=0; i<m; i++) scanf("%d",a+i);    //输入b数组
            scanf("%d",&n);
            for(j=0; j<n; j++) scanf("%d",b+j);    //输入b数组
            k=0;                                   //k是指向c数组最后元素的下标,初值为0
            i=j=0;                                 //下标i,j分别指向a、b数组当前元素
            while(i<m && j<n) {                    //当i,j都还有元素指向时循环
                if (a[i]<b[j]) {                   //若a[i]<b[j],则将a[i]放到c数组中
                    c[k++]=a[i++];
                }
                else {                             //若a[i]>=b[j],则将b[j]放到c数组中
                    c[k++]=b[j++];
                }
            }
            for(; i<m; i++) c[k++]=a[i];           //将a数组中剩余元素复制到c数组中
            for(; j<n; j++) c[k++]=b[j];           //将b数组中剩余元素复制到c数组中
            for(i=0; i<k; i++) {
                if (i>0) printf(" ");              //若不是第一个元素,则先输出一个空格
                printf("%d",c[i]);
            }
            printf("\n");
        }
```

```
        return 0;
}
```

当 while 循环结束时，$i<m$ 和 $j<n$ 这两个条件中只有一个依然成立，故 while 循环后的两个将剩余元素复制到 c 数组的 for 循环中，仅可能执行一个。

4. 变换数组元素

变换的内容如下：
（1）将长度为 10 的数组中的元素按升序进行排序；
（2）将数组的前 n 个元素换到数组的最后面。

输入格式：

首先输入一个正整数 T，表示测试数据的组数，然后是 T 组测试数据。每行测试数据输入 1 个正整数 n（$0<n<10$），然后输入 10 个整数。

输出格式：

对于每组测试数据，输出变换后的全部数组元素。元素之间以一个空格分隔（最后一个数据之后没有空格）。

输入样例：

```
1
2 34 37 98 23 24 45 76 89 34 68
```

输出样例：

```
34 34 37 45 68 76 89 98 23 24
```

解析：

可先采用冒泡排序法完成 10 个元素的排序，然后进行 n 次循环移位，每次将第一个元素移到最后位置。

对于"元素之间以一个空格分隔"的要求，采用"第一个元素除外，输出每个元素之前，先输出一个空格"的策略。

具体代码如下。

```cpp
//C++风格代码
#include <iostream>
using namespace std;
int main() {
    int T;
    cin>>T;
    while(T--) {
        int i, n, a[10];
        cin>>n;
        for(i=0; i<10; i++) cin>>a[i];
        for(i=0; i<9; i++) {            //冒泡排序，共进行 9 趟，每趟 9-i 次比较
            for(int j=0; j<9-i; j++){   //每趟排序从头开始比较相邻的两个数
                if (a[j]>a[j+1])        //若位置不对，则交换
```

```
                    swap(a[j], a[j+1]);
            }
        for(i=0; i<n; i++) {              //进行n次循环右移,每次将a[0]移到最后
            int t=a[0];                    //a[0]暂存到临时变量t中
            for(int j=0; j<9; j++)         //a[1]~a[9]前移一个位置
                a[j]=a[j+1];
            a[9]=t;                        //将原来的a[0]放到最后
        }
        for(i=0; i<10; i++) {
            if(i>0) cout<<" ";             //若不是第一个元素,则先输出一个空格
            cout<<a[i];
        }
        cout<<endl;
    }
    return 0;
}

//C风格代码
#include <stdio.h>
int main() {
    int a[10], T, i, j, n, t;
    scanf("%d",&T);
    while(T--) {
        scanf("%d",&n);
        for(i=0; i<10; i++) scanf("%d",&a[i]);
        for(i=0; i<9; i++) {               //冒泡排序,共进行9趟,每趟9-i次比较
            for(j=0; j<9-i; j++) {         //每趟排序从头开始比较相邻的两个数
                if (a[j]>a[j+1])           //若位置不对,则交换
                    t=a[j], a[j]=a[j+1], a[j+1]=t;
            }
        }
        for(i=0; i<n; i++) {               //进行n次循环右移,每次将a[0]移到最后
            t=a[0];                         //a[0]暂存到临时变量t中
            for(j=0; j<9; j++)              //a[1]~a[9]前移一个位置
                a[j]=a[j+1];
            a[9]=t;                         //将原来的a[0]放到最后
        }
        for(i=0; i<10; i++) {
            if (i>0) printf(" ");          //若不是第一个元素,则先输出一个空格
            printf("%d",a[i]);
        }
        printf("\n");
    }
    return 0;
}
```

5. 武林盟主

在传说中的江湖中，各大帮派要选武林盟主了，如果龙飞能得到超过一半的帮派的支持就可以当选，而每个帮派的结果又是由该帮派帮众投票产生的，如果某个帮派超过一半的帮众支持龙飞，则他将赢得该帮派的支持。现在给出每个帮派的帮众人数，请问龙飞至少需要赢得多少人的支持才可能当选武林盟主？

输入格式：

测试数据有多组，处理到文件尾。每组测试先输入一个整数 n（$1 \leqslant n \leqslant 20$），表示帮派数，然后输入 n 个正整数，表示每个帮派的帮众人数 a_i（$a_i \leqslant 100$，$1 \leqslant i \leqslant n$）。

输出格式：

对于每组数据输出一行，表示龙飞当选武林盟主至少需要赢得支持的帮众人数。

输入样例：

3 5 7 5

输出样例：

6

解析：

设帮派数为 n，若要人数达到最少，则应按帮派人数从小到大排序，得到排序后的前 $\frac{n}{2}+1$ 个帮派支持，且这些帮派中的每个帮派都应有一半再多 1 人支持。

这里采用选择排序法进行排序，n 个数据共进行 $n-1$ 趟排序，每趟找出当前的最小数换到当前的最前面位置。

具体代码如下。

```
//C++风格代码
#include<iostream>
using namespace std;
int main() {
    int n;
    while(cin>>n) {
        int a[100], i, j, k;
        for(i=0; i<n; i++) {
            cin>>a[i];
        }
        for(i=0; i<n-1; i++){//选择排序，共进行 n-1 趟，每趟找最小数换到最前面位置
            k=i;
            for(j=i+1; j<n; j++) {
                if(a[j]<a[k]) k=j;
            }
            if(k!=i) {
                int t=a[k];
                a[k]=a[i];
                a[i]=t;
```

```
            }
        }
        int sum=0;
        for(i=0; i<=n/2; i++) {  //求前 n/2+1 个帮派的每个帮派半数多 1 人之和
            sum=sum+(a[i]/2+1);
        }
        cout<<sum<<endl;
    }
    return 0;
}

//C 风格代码
#include <stdio.h>
int main() {
    int a[100], i, j, k, n, t, sum;
    while(~scanf("%d",&n)) {
        for(i=0; i<n; i++) scanf("%d",&a[i]);
        for(i=0; i<n-1; i++){//选择排序,共进行 n-1 趟,每趟找最小数换到最前面位置
            k=i;
            for(j=i+1; j<n; j++) {
                if(a[j]<a[k]) k=j;
            }
            if(k!=i) {
                t=a[k];
                a[k]=a[i];
                a[i]=t;
            }
        }
        sum=0;
        for(i=0; i<=n/2; i++){        //求前 n/2+1 个帮派的每个帮派半数多 1 人之和
            sum=sum+(a[i]/2+1);
        }
        printf("%d\n",sum);
    }
    return 0;
}
```

6. 集合 *A–B*

求两个集合的差集。注意,同一个集合中不能有两个相同的元素。

输入格式:

首先输入一个正整数 *T*,表示测试数据的组数,然后是 *T* 组测试数据。每组测试数据输入 1 行,每行数据的开始是整数 n($0<n\leq100$)和 m($0<m\leq100$),分别表示集合 *A* 和集合 *B* 的元素个数,然后紧跟着 $n+m$ 个元素(值都小于 $2^{31}-1$),前面 n 个元素属于集合 *A*,其余的属于集合 *B*。每两个元素之间以一个空格分隔。

输出格式：

针对每组测试数据输出一行数据，表示集合 *A*−*B* 的结果，如果结果为空集合，则输出 NULL，否则从小到大输出结果，每两个元素之间以一个空格分隔。

输入样例：

```
2
3 3 1 3 2 1 4 7
3 7 2 5 8 2 3 4 5 6 7 8
```

输出样例：

```
2 3
NULL
```

解析：

先在 *b* 数组中查找 *a* 数组中的每个元素，若找到，则在 *a* 数组中"删除"该元素（采用给元素赋特殊值 0x7fffffff 表示），若未找到，则剩余元素个数 *k*（初值为 0）增 1。若 *k* 为 0，则输出 NULL，否则先采用冒泡排序法对 *a* 数组进行排序，再输出 *a* 数组中的剩余元素（前 *k* 个）。

对于"每两个元素之间以一个空格分隔"的要求，采用"第一个元素除外，输出每个元素之前，先输出一个空格"的策略。

具体代码如下。

```cpp
//C++风格代码
#include<iostream>
#include<algorithm>
using namespace std;
int main() {
    int T;
    cin>>T;
    while(T--) {
        int n, m, i, j, a[100], b[100];
        cin>>n>>m;
        for(i=0; i<n; i++) cin>>a[i];
        for(i=0; i<m; i++) cin>>b[i];
        int k=0;                        //保存剩余数据个数
        for(j=0; j<n; j++) {            //在a数组"删除"同时出现在a、b数组中的元素
            for(i=0; i<m; i++) {        //在b数组中查找a[j]
                if(a[j]==b[i]) {        //若找到，则"删除"
                    a[j]=0x7fffffff;    //通过赋特殊值表示删除
                    break;
                }
            }
            if(a[j]!=0x7fffffff) k++;   //若a[j]未被删除，则剩余数据个数k增1
        }
        if(!k) {
```

```cpp
                cout<<"NULL"<<endl;        //若被删空，则输出 NULL
                continue;
            }
            for(i=0; i<n-1; i++) {         //冒泡排序
                for(j=0; j<n-1-i; j++){
                    if (a[j]>a[j+1])
                        swap(a[j], a[j+1]);
                }
            }
            for(i=0; i<k; i++) {           //输出前 k 个非特殊值的剩余元素
                if(i>0) cout<<" ";         //若不是第一个元素，则先输出一个空格
                cout<<a[i];
            }
            cout<<endl;
    }
    return 0;
}


//C 风格代码
#include <stdio.h>
int main() {
    int a[100], b[100], T, i, j, k, m, n, t;
    scanf("%d",&T);
    while(T--) {
        scanf("%d%d",&n,&m);
        for(i=0; i<n; i++) scanf("%d",&a[i]);
        for(i=0; i<m; i++) scanf("%d",&b[i]);
        k=0;                               //保存剩余数据个数
        for(j=0; j<n; j++) {               //在 a 数组"删除"同时出现在 a、b 数组中的元素
            for(i=0; i<m; i++) {           //在 b 数组中查找 a[j]
                if(a[j]==b[i]) {           //若找到，则"删除"
                    a[j]=0x7fffffff;//通过赋特殊值表示删除
                    break;
                }
            }
            if(a[j]!=0x7fffffff) k++;     //若 a[j]未被删除，则剩余数据个数 k 增 1
        }
        if (!k) {                          //若被删空，则输出 NULL
            printf("NULL\n");
            continue;
        }
        for(i=0; i<n-1; i++) {             //冒泡排序
            for(j=0; j<n-1-i; j++) {
                if (a[j]>a[j+1])
                    t=a[j], a[j]=a[j+1], a[j+1]=t;
            }
        }
```

```
            for(i=0; i<k; i++) {           //输出前 k 个非特殊值的剩余元素
                if (i>0) printf(" ");      //若不是第一个元素,则先输出一个空格
                printf("%d",a[i]);
            }
            printf("\n");
        }
        return 0;
    }
```

简单起见,上述代码并未在 a 数组中真正删除同时在 a、b 数组中出现的元素。读者可尝试真正删除的代码实现。本题还有其他解法,读者可自行思考并编程实现。

7. 又见 A+B

某天,诺诺在做两个 10 以内(包含 10)的加法运算时,感觉太简单。于是她想增加一点难度,同时也巩固一下英文,就把数字用英文单词表示。为了验证她的答案,请根据给出的两个英文单词表示的数字,计算它们之和并以英文单词的形式输出。

输入格式:

多组测试数据,处理到文件尾。每组测试输入两个英文单词表示的数字 A、B(0≤A, B≤10)。

输出格式:

对于每组测试,在一行上输出 A+B 的结果,要求以英文单词表示。

输入样例:

```
ten ten
one two
```

输出样例:

```
twenty
three
```

解析:

方便起见,宜建立英文单词与数字的对应关系,可设置一个长度为 21(因相加最大得到 20,即最大下标为 20)的字符串数组 s,每个元素存放其下标对应的英文单词。对于每个英文单词,在 s 中查找得到对应数字(下标),再用得到的两个数字相加作为下标求得表示结果的英文单词。

具体代码如下。

```
//C++风格代码
#include<iostream>
#include<string>
using namespace std;
int main() {
    string s[21]={"zero","one","two","three","four","five","six","seven",
                  "eight","nine","ten","eleven","twelve","thirteen",
                  "fourteen","fifteen","sixteen","seventeen","eighteen",
```

```cpp
                              "nineteen","twenty"};    //字符串数组,存放 0~20 的英文单词
    string a,b;
    while(cin>>a>>b) {
        int i,j;
        for(i=0; i<21; i++) {                          //得到字符串 a 对应的数字 i
            if (a==s[i]) break;
        }
        for(j=0; j<21; j++) {                          //得到字符串 b 对应的数字 j
            if (b==s[j]) break;
        }
        cout<<s[i+j]<<endl;                            //用 i+j 作下标取得对应的英文单词
    }
    return 0;
}

//C 风格代码
#include <stdio.h>
#include <string.h>
int main() {
    char a[10], b[10];
    int i, j;
    char s[21][10] = {"zero","one","two","three","four","five","six","seven",
                     "eight","nine","ten","eleven","twelve","thirteen",
                     "fourteen","fifteen","sixteen","seventeen","eighteen",
                     "nineteen","twenty"};   //字符串数组,存放 0~20 的英文单词
    while(~scanf("%s%s",a,b)) {
        for(i=0; i<21; i++) {                          //得到字符串 a 对应的数字 i
            if (strcmp(s[i],a)==0) break;
        }
        for(j=0; j<21; j++) {                          //得到字符串 b 对应的数字 j
            if (strcmp(s[j],b)==0) break;
        }
        printf("%s\n",s[i+j]);                         //用 i+j 作下标取得对应的英文单词
    }
    return 0;
}
```

注意,对于 C 语言代码中字符数组表示的字符串,不能直接用比较运算符进行比较,需调用系统函数 strcmp,该函数在两个字符串相等时返回 0。本题还有其他解法,读者可自行思考并编程实现。

8. 简版田忌赛马

这是一个简版田忌赛马问题,具体如下。

田忌与齐王赛马,双方各有 n 匹马参赛,每场比赛赌注为 200 两黄金,现已知齐王与田忌的每匹马的速度,并且齐王肯定是按马的速度从快到慢出场,请写一个程序帮助田忌计算他最多赢多少两黄金(若输,则用负数表示)。

简单起见,保证2n匹马的速度均不相同。

输入格式:

首先输入一个正整数 T,表示测试数据的组数,然后是 T 组测试数据。

每组测试数据输入3行,第一行是 n($1 \leq n \leq 100$),表示双方参赛马的数量,第2行 n 个正整数,表示田忌的马的速度,第3行 n 个正整数,表示齐王的马的速度。

输出格式:

对于每组测试数据,输出一行,包含一个整数,表示田忌最多赢多少两黄金。

输入样例:

```
1
3
92 83 71
95 87 74
```

输出样例:

```
200
```

解析:

因"齐王肯定是按马的速度从快到慢出场",故考虑尽量用田忌的慢马PK齐王的快马。因马的速度各不相同,可对田忌的马从慢到快排序,并对齐王的马从快到慢排序,然后按从慢到快取田忌的马与齐王的马比较,若田忌的马速度更快,则其胜场计数器cnt增1并删去齐王输掉的那匹马(简单起见,以赋特殊值0x7fffffff表示删去相应的数组元素)。最终田忌多胜的场次为cnt−(n−cnt)=2cnt−n。

具体代码如下。

```cpp
//C++风格代码
#include<iostream>
using namespace std;
int main() {
    int T;
    cin>>T;
    while(T--) {
        int a[100], b[100];
        int i, j, n, cnt=0;
        cin>>n;
        for(i=0; i<n; i++) cin>>a[i];
        for(i=0; i<n; i++) cin>>b[i];
        //对田忌的马速数组 a 升序排序,对齐王的马速数组 b 降序排序
        for(i=0; i<n-1; i++) {
            for(j=0; j<n-i-1; j++) {
                if(a[j]>a[j+1]) {
                    swap(a[j],a[j+1]);
                }
                if(b[j]<b[j+1]) {
                    swap(b[j],b[j+1]);
```

```
                }
            }
        }
        for(i=0; i<n; i++) {              //依次取田忌的马与齐王的马进行比较
            for(j=0; j<n; j++) {
                if(a[i]>b[j]) {           //若田忌的马比齐王的马快,则胜一场
                    cnt++;                //胜场计数器 cnt 增 1
                    b[j]=0x7fffffff;      //置 b[j]为特殊值表示删除该马
                    break;
                }
            }
        }
        cout<<(2*cnt-n)*200<<endl;
    }
    return 0;
}

//C 风格代码
#include <stdio.h>
int main() {
    int a[100], b[100], T, i, j, n, t, cnt;
    scanf("%d",&T);
    while(T--) {
        scanf("%d",&n);
        for(i=0; i<n; i++) scanf("%d",&a[i]);
        for(i=0; i<n; i++) scanf("%d",&b[i]);
        //对田忌的马速数组 a 升序排序,对齐王的马速数组 b 降序排序
        for(i=0; i<n-1; i++) {
            for(j=0; j<n-1-i; j++) {
                if (a[j]>a[j+1])
                    t=a[j], a[j]=a[j+1], a[j+1]=t;
                if (b[j]<b[j+1])
                    t=b[j], b[j]=b[j+1], b[j+1]=t;
            }
        }
        cnt=0;
        for(i=0; i<n; i++) {              //依次取田忌的马与齐王的马进行比较
            for(j=0; j<n; j++) {
                if(a[i]>b[j]) {           //若田忌的马比齐王的马快,则胜一场
                    cnt++;                //胜场计数器 cnt 增 1
                    b[j]=0x7fffffff;      //置 b[j]为特殊值表示删除该马
                    break;
                }
            }
        }
        printf("%d\n",(2*cnt-n)*200);
    }
```

```
        return 0;
}
```

请读者思考：若齐王不一定按马的速度从快到慢出场，且各马的速度有可能相等，能否使用上述代码求解？若不能，则该如何求解？

9. 魔镜

传说魔镜可以把任何接触镜面的东西变成原来的两倍，不过增加的那部分是反的。例如，对于字符串 XY，若把 Y 端接触镜面，则魔镜会把这个字符串变为 XYYX；若再用 X 端接触镜面，则会变成 XYYXXYYX。对于一个最终得到的字符串（可能未接触魔镜），请输出没使用魔镜之前，该字符串最初可能的最小长度。

输入格式：

测试数据有多组，处理到文件尾。每组测试输入一个字符串（长度小于 100，且由大写英文字母构成）。

输出格式：

对于每组测试数据，在一行上输出一个整数，表示没使用魔镜前，最初字符串可能的最小长度。

输入样例：

XYYXXYYX

输出样例：

2

解析：

依题意，若字符串为回文串且长度为偶数，则是接触过魔镜的。可见，未使用魔镜之前的字符串或是非回文串或是长度为奇数的字符串。因此，可以如此处理：当字符串是长度为偶数的回文串时取其一半继续检查是否接触过魔镜（字符串为回文串且长度为偶数），直到遇到非回文串或串长为奇数。

具体代码如下。

```
//C++风格代码
#include<iostream>
#include<string>
using namespace std;
int main() {
    string s;
    while(cin>>s) {
        int i, j, n=s.size();          //n 为串长
        bool f=true;                   //判断是否为回文串的标记变量 f，初值为 true
        while(true) {
            for(i=0; i<n/2&&f; i++){   //判断长度为 n 的字符串是否为回文串
                if(s[i]!=s[n-i-1]){    //若对称字符不等，则非回文串，f 置为 false
                    f=false;
```

```
                    }
                }
                if(!f||n%2==1) {         //若遇到非回文串或串长 n 为奇数，则 n 为答案
                    cout<<n<<endl;
                    break;
                }
                else n=n/2;              //取前串的一半继续检查
            }
        }
        return 0;
    }

    //C 风格代码
    #include <stdio.h>
    #include <string.h>
    int main() {
        char s[100];
        int f, i, n;
        while(~scanf("%s",s)) {
            n=strlen(s);                 //n 为串长
            f=1;                         //判断是否为回文串的标记变量 f，初值为 1
            while(1) {
                for(i=0; i<n/2&&f; i++){ //判断长度为 n 的字符串是否为回文串
                    if(s[i]!=s[n-i-1]){  //若对称字符不等，则非回文串，f 置为 0
                        f=0;
                    }
                }
                if(!f||n%2==1) {         //若遇到非回文串或串长 n 为奇数，则 n 为答案
                    printf("%d\n",n);
                    break;
                }
                else n=n/2;              //取前串的一半继续检查
            }
        }
        return 0;
    }
```

10. 并砖

工地上有 n 堆砖，每堆砖的块数分别是 $m_1, m_2, \cdots, m_n$，假设每块砖的重量都为 1，现要将这些砖通过 $n-1$ 次的合并（每次把两堆砖并到一起），最终合成一堆。若将两堆砖合并到一起消耗的体力等于两堆砖的重量之和，请设计最优的合并次序方案，使消耗的体力最小。

输入格式：

测试数据有多组，处理到文件尾。每组测试先输入一个整数 n（$1 \leqslant n \leqslant 100$），表示砖的堆数；然后输入 n 个整数，分别表示各堆砖的块数。

输出格式：

对于每组测试，在一行上输出采用最优的合并次序方案后体力消耗的最小值。

输入样例：

```
7 8 6 9 2 3 1 6
```

输出样例：

```
91
```

解析：

依题意，要使体力消耗最小，应每次合并重量最小的两堆砖。因此，在 $n-1$ 次合并过程中，每次合并前可先对重量数组 a 升序排序，将最小的两个重量 $a[0]$、$a[1]$ 加到结果变量 ans（初值为 0）中，再置 $a[1]$ 为 $a[0]$ 与 $a[1]$ 之和，表示新增得到的那堆砖的重量为 $a[0]+a[1]$（同时删除原来的 $a[1]$ 对应的那堆砖），置 $a[0]$ 为特殊值 0x7fffffff 表示删除 $a[0]$ 重量对应的那堆砖。

具体代码如下。

```cpp
//C++风格代码
#include <iostream>
using namespace std;
int main() {
    int n;
    while(cin>>n) {
        int i, a[100];
        for(i=0; i<n; i++) cin>>a[i];
        int ans=0;
        for(i=0; i<n-1; i++) {           //n-1 次合并
            for(int j=0; j<n-1; j++) {   //冒泡排序
                for(int k=0; k<n-1-j; k++) {
                    if (a[k]>a[k+1]) swap(a[k],a[k+1]);
                }
            }
            ans=ans+a[0]+a[1];           //合并重量最小的两堆砖
            a[1]=a[0]+a[1];              //新增重量为 a[0]+a[1] 的砖堆，删除 a[1] 那堆砖
            a[0]=0x7fffffff;             //删除 a[0] 那堆砖
        }
        cout<<ans<<endl;
    }
    return 0;
}

//C 风格代码
#include <stdio.h>
int main() {
    int a[100], i, j, k, n, t, ans;
    while(~scanf("%d",&n)) {
```

```
            for(i=0; i<n; i++) scanf("%d",&a[i]);
            ans=0;
            for(i=0; i<n-1; i++) {           //n-1 次合并
                for(j=0; j<n-1; j++){        //冒泡排序
                    for(k=0; k<n-1-j; k++) {
                        if (a[k]>a[k+1]) {
                            t=a[k],a[k]=a[k+1],a[k+1]=t;
                        }
                    }
                }
                ans=ans+a[0]+a[1];           //合并重量最小的两堆砖
                a[1]=a[0]+a[1];              //新增重量为 a[0]+a[1]的砖堆,删除 a[1]那堆砖
                a[0]=0x7fffffff;             //删除 a[0]那堆砖
            }
            printf("%d\n",ans);
        }
        return 0;
    }
```

上述代码在找两个最小值时使用冒泡排序,时间效率较低。实际上,可以不用排序就直接找出两个最小值。具体代码留给读者自行实现。本题还有其他解法,请读者自行思考并编程实现。

11. 判断回文串

若一个串正向看和反向看相等,则称作回文串。例如:t,abba,xyzyx 均是回文串。给出一个长度不超过 60 的字符串,判断是否是回文串。

输入格式:

首先输入一个正整数 T,表示测试数据的组数,然后是 T 组测试数据。每行输入一个长度不超过 60 的字符串(串中不包含空格)。

输出格式:

对于每组测试数据,判断是否为回文串,若是输出 Yes,否则输出 No。

输入样例:

2
abba
abc

输出样例:

Yes
No

解析:

回文串以中间位置为界,左、右对称位置上的字符相等。因此,若串长为 n,判断回文串可使下标 i 从 0 至 $n/2-1$ 循环,检查左、右对称位置(下标相加等于 $n-1$)上的字符是否相等,若相等则继续比较,否则置标记变量 flag 为 false(或 0)并结束比较。一开始 flag

初值置为 true（或 1），表示假定输入的字符串是回文串。

具体代码如下。

```cpp
//C++风格代码
#include<iostream>
#include<string>
using namespace std;
int main() {
    int T;
    cin>>T;
    while(T--) {
        string s;
        cin>>s;
        int n=s.size();                //求串长
        bool flag=true;                //假设s是回文串，标记变量flag初值置为true
        for(int i=0; i<n/2;i++){       //以中间位置为界，检查左、右对称位置字符
            if (s[i]!=s[n-1-i]){       //若左、右对称位置字符不等，则置flag为false
                flag=false;
                break;                 //若flag更新为false，则结束循环
            }
        }
        if (flag==true)
            cout<<"Yes\n";
        else
            cout<<"No\n";
    }
    return 0;
}
```

```c
//C风格代码
#include <stdio.h>
#include <string.h>
int main() {
    char s[61];
    int T, i, n, flag;
    scanf("%d",&T);
    while(T--) {
        scanf("%s",s);
        n=strlen(s);                   //求串长
        flag=1;                        //假设s是回文串，标记变量flag初值置为1
        for(i=0; i<n/2&&flag; i++){    //以中间位置为界，检查左、右对称位置字符
            if (s[i]!=s[n-1-i]) {      //若左、右对称位置字符不等，则置flag为0
                flag=0;
            }
        }
        if (flag)
            puts("Yes");
```

```
        else
            puts("No");
    }
    return 0;
}
```

上述 C 语言代码中把 flag 作为循环条件之一，当将 flag 置为 0 时，循环条件 "i<n/2&& flag" 不再成立而结束循环，如此可不用 break 语句就跳出循环。本题还有其他解法，请读者自行思考并编程实现。

12. 统计单词

输入长度不超过 80 个字符的英文文本，统计该文本中长度为 n 的单词总数（单词之间只有一个空格）。

输入格式：

首先输入一个正整数 T，表示测试数据的组数，然后是 T 组测试数据。

每组数据首先输入 1 个正整数 n（$1 \leq n \leq 50$），然后输入 1 行长度不超过 80 个字符的英文文本（只含英文字母和空格）。注意：不要忘记在输入一行文本前吸收换行符。

输出格式：

对于每组测试数据，输出长度为 n 的单词总数。

输入样例：

```
2
5
hello world
5
acm is a hard game
```

输出样例：

```
2
0
```

解析：

采用根据空格取单词的思想，先在输入的字符串 s 的最后添加一个空格符，然后扫描 s，若是英文字母，则单词长度 cnt（初值为 0）增 1；若是空格，则判断 cnt 是否等于 n，等于则结果变量 ans 增 1，并置 cnt 为 0，为计算下一个单词的长度做准备。

具体代码如下。

```cpp
//C++风格代码
#include<iostream>
#include<string>
using namespace std;
int main() {
    int T;
    cin>>T;
```

```cpp
        while(T--) {
            string s;
            int n, cnt=0, ans=0;           //单词长度 cnt 和结果变量 ans 清 0
            cin>>n;
            cin.get();                      //吸收确认 n 输入的回车键中包含的换行符
            getline(cin,s);                 //输入字符串 s
            s=s+" ";                        //在 s 的最后添加一个空格
            for(int i=0; i<s.size(); i++) {
                if(s[i]>='a' && s[i]<='z' || s[i]>='A' && s[i]<='Z')
                    cnt++;                  //若是英文字母，则 cnt 增 1
                else {                      //若是空格
                    if(cnt==n) ans++;       //若当前单词长度 cnt 等于 n，则结果变量 ans 增 1
                    cnt=0;                  //cnt 清 0，为求下一个单词长度做准备
                }
            }
            cout<<ans<<endl;
        }
    return 0;
}

//C 风格代码
#include <stdio.h>
#include <string.h>
int main() {
    char s[82];
    int T, i, n, cnt, ans;
    scanf("%d",&T);
    while(T--) {
        scanf("%d",&n);
        getchar();                      //吸收确认 n 输入的回车键中包含的换行符
        gets(s);                        //输入字符串 s
        strcat(s," ");                  //在 s 的最后添加一个空格
        cnt=ans=0;                      //单词长度 cnt 和结果变量 ans 清 0
        for(i=0; i<strlen(s); i++){     //扫描字符串 s
            if(s[i]>='a' && s[i]<='z' || s[i]>='A' && s[i]<='Z')
                cnt++;                  //若是英文字母，则 cnt 增 1
            else {                      //若是空格
                if(cnt==n) ans++;       //若当前单词长度 cnt 等于 n，则结果变量 ans 增 1
                cnt=0;                  //cnt 清 0，为求下一个单词长度做准备
            }
        }
        printf("%d\n",ans);
    }
    return 0;
}
```

上述代码使用 C++的 getline 函数或 C 语言的 gets 函数输入字符串，需使用 C++的 cin.get()

或 C 语言的 getchar()吸收之前确认 n 输入的回车键中包含的换行符。在 C 语言代码中，字符数组 s 的长度定义为 82，原因在于输入的字符串长度不超过 80，输入后又人为添加一个空格，再加上字符串结束符'\0'，最长需存储 82 个字符。本题还有其他求解方法，请读者自行思考并编程实现。

13. 删除重复元素

对于给定的数列，要求把其中的重复元素删去后再从小到大输出。

输入格式：

首先输入一个正整数 T，表示测试数据的组数，然后是 T 组测试数据。每组测试数据先输入一个整数 n（$1 \leq n \leq 100$），再输入 n 个整数。

输出格式：

对于每组测试，从小到大输出删除重复元素之后的结果，每两个数据之间留一个空格。

输入样例：

```
1
10 1 2 2 2 3 3 1 5 4 5
```

输出样例：

```
1 2 3 4 5
```

解析：

因在线做题一般是通过对比测试数据来判断程序的对错，故本题可不必真正删除重复元素，只需把不重复的元素输出即可。这里采用先排序再比较输出的方法。排序后，相等的数据是相邻的，因此可先输出第一个数，然后从第二个数开始依次比较当前数与其前一个数，若两者不等则输出当前数。

对于"每两个数据之间留一个空格"的要求，可从第二个数开始先输出空格再输出该数。

具体代码如下。

```cpp
//C++风格代码
#include<iostream>
using namespace std;
int main() {
    int T;
    cin>>T;
    while(T--) {
        int n, s[100];
        cin>>n;
        for(int i=0; i<n; i++) {
            cin>>s[i];
        }
        for(int i=0; i<n; i++) {                    //冒泡排序
            for(int j=0; j<n-1; j++) {
                if(s[j]>s[j+1]) swap(s[j],s[j+1]);
```

```
            }
        }
        cout<<s[0];                                //先输出第一个数
        for(int i=1; i<n; i++) {                   //从第二个数开始比较当前数与前一个数
            if(s[i]!=s[i-1]) cout<<" "<<s[i];//若当前数与前一个数不等，则输出
        }
        cout<<endl;
    }
    return 0;
}

//C 风格代码
#include <stdio.h>
int main() {
    int s[100];
    int T, i, j, n, t;
    scanf("%d",&T);
    while(T--) {
        scanf("%d",&n);
        for(i=0; i<n; i++) scanf("%d",&s[i]);
        for(i=0; i<n; i++) {                       //冒泡排序
            for(j=0; j<n-1; j++) {
                if(s[j]>s[j+1]) t=s[j], s[j]=s[j+1], s[j+1]=t;
            }
        }
        printf("%d",s[0]);                         //先输出第一个数
        for(i=1; i<n; i++) {                       //从第二个数开始比较当前数与前一个数
            if(s[i]!=s[i-1])                       //若当前数与前一个数不等，则输出
                printf(" %d",s[i]);
        }
        printf("\n");
    }
    return 0;
}
```

上述代码没有真正删除重复元素，只是不输出重复元素。若要真正删除元素，该如何实现呢？请读者自行思考并编程实现。

14. 缩写期刊名

科研工作者经常要向不同的期刊投稿。但不同期刊参考文献的格式往往各不相同。有些期刊要求参考文献中的期刊名必须采用缩写形式，否则直接拒稿。现对于给定的期刊名，要求按以下规则缩写：

（1）长度不超过 4 的单词不必缩写；

（2）长度超过 4 的单词仅取前 4 个字母，但其后要加 "."；

（3）所有字母都小写。

输入格式：

首先输入一个正整数 T，表示测试数据的组数，然后是 T 组测试数据。

每组测试输入一个包含大小写字母和空格的字符串（长度不超过 85），单词由若干字母构成，单词之间以一个空格间隔。

输出格式：

对于每组测试，在一行上输出缩写后的结果，单词之间以一个空格间隔。

输入样例：

```
1
Ad Hoc Networks
```

输出样例：

```
ad hoc netw.
```

解析：

采用根据空格取单词的思想。方便起见，先在输入的字符串 s 的最后添加一个空格。然后扫描字符串 s，若是大小写英文字母，则将其连接到存放一个单词的字符串（单词串）ts 中，若是空格，则表示一个单词结束，先将 ts 中字母都转换为小写，再判断 ts 的长度是否大于 4，若大于则进行缩写（C++用 ts=ts.substr(0,4)+"."，而 C 语言直接输出前 4 个字符和'.'），否则直接输出完整的单词 ts。

另外，通过计数器变量 cnt 控制单词之间留一个空格。

具体代码如下。

```cpp
//C++风格代码
#include<iostream>
#include<string>
using namespace std;
int main() {
    int T;
    cin>>T;
    cin.get();
    while(T--) {
        string s,ts="";
        getline(cin,s);
        s=s+" ";                              //为便于分割单词，人为在最后加一个空格
        int cnt=0;                            //计数器 cnt 用于控制单词之间留一个空格
        for(int i=0; i<s.size(); i++) {
            if(s[i]==' ') {                   //遇到空格，表示一个单词已取完
                for(int j=0; j<ts.size(); j++) {
                    if (ts[j]>='A' && ts[j]<='Z')
                        ts[j]+='a'-'A';       //大写字母转换为小写
                }
                if (ts.size()>4)              //单词长度超过 4 则缩写，否则不变
                    ts=ts.substr(0,4)+".";
```

```
                cnt++;                      //单词计数器增 1
                if (cnt>1) cout<<" ";//不是第一个单词，则先输出一个空格
                cout<<ts;
                ts="";                      //单词串清空以存放下一个单词
            }
            else ts=ts+s[i];                //把大小写字母连接到单词串 ts 中
        }
        cout<<endl;
    }
    return 0;
}

//C 风格代码
#include <stdio.h>
#include <string.h>
int main() {
    char s[87], ts[87], t[2]="";
    int T, i, j, n, cnt;
    scanf("%d",&T);
    getchar();
    while(T--) {
        strcpy(ts,"");
        gets(s);
        strcat(s," ");                      //为便于分割单词，人为在最后加一个空格
        n=strlen(s),cnt=0;                  //计数器 cnt 用于控制单词之间留一个空格
        for(i=0; i<n; i++) {
            if(s[i]==' ') {                 //遇到空格，表示一个单词已取完
                cnt++;                      //单词计数器增 1
                if (cnt>1) printf(" ");     //不是第一个单词，则先输出一个空格
                for(j=0; j<strlen(ts); j++) {
                    if (ts[j]>='A' && ts[j]<='Z')
                        ts[j]+='a'-'A';     //大写字母转换为小写
                }
                if (strlen(ts)>4) {         //单词长度超过 4 则输出前 4 个字符和
                    for(j=0; j<4; j++) {
                        putchar(ts[j]);
                    }
                    putchar('.');
                }
                else {                      //若长度不超过 4 则直接输出
                    for(j=0; j<strlen(ts); j++) putchar(ts[j]);
                }
                strcpy(ts,"");              //单词串 ts 清空以存放下一个单词
            }
            else {
                t[0]=s[i];                  //将字符 s[i]作为字符串 t 的第一个字符
                strcat(ts,t);               //把 t 连接到单词串 ts 中
```

```
            }
        }
        printf("\n");
    }
    return 0;
}
```

上述 C 语言代码中，为了将一个字符 s[i]连接到单词串 ts 中，使用了一个长度为 2 的临时串 t（t[1]为'\0'），把 s[i]赋值给 t[0]，再调用 strcat 函数将 t 连接到 ts 之后。而 C++代码中，可用连接符"+"直接将一个字符连接到字符串之后，代码更加简洁。本题还有其他解法，读者可自行思考并编程实现。

15. 统计字符个数

输入若干字符串，每个字符串中只包含数字字符和大小写英文字母，统计字符串中不同字符的出现次数。

输入格式：

测试数据有多组，处理到文件尾。每组测试输入一个字符串（不超过 80 个字符）。

输出格式：

对于每组测试，按字符串中字符的 ASCII 码升序逐行输出不同的字符及其个数（两个数据之间留一个空格），每两组测试数据之间留一空行，输出格式参照输出样例。

输入样例：

12123

输出样例：

1 2
2 2
3 1

解析：

因数字字符和大小写英文字母共有 62 个，故可使用一个长度为 62 的计数器数组。但如此处理，需将字符与下标一一对应起来，如将数字字符减去'0'，大写字母减去 55，稍有不便。因小写字母'z'的 ASCII 码 122 是三类字符 ASCII 码中的最大值，故可设置一个长度为 123 的计数器数组，直接以数字字符或大小写英文字母为下标统计相应字符的个数。

对于"每两组测试数据之间留一空行"的要求，可通过计数器变量 cnt（初值为 0）实现（若不是第一组数据，则先输出一个空行）。

具体代码如下。

```cpp
//C++风格代码
#include<iostream>
#include<string>
using namespace std;
int main() {
    string s;
```

```cpp
        int cnt=0;
        while(cin>>s) {
            if (cnt>0) cout<<endl;
            cnt++;
            int num[123]={0};              //统计字符出现次数的计数器数组清 0
            for(int i=0;i<s.size();i++){   //扫描字符串 s,直接以其每个字符为下标计数
                num[s[i]]++;
            }
            for(int i=48; i<123; i++) {  //i 从 48~122 循环
                if(num[i]!=0)            //若 num[i]!=0,则输出 i 对应的字符和个数
                    cout<<(char)i<<" "<<num[i]<<endl;
            }
        }
        return 0;
    }

    //C 风格代码
    #include <stdio.h>
    #include <string.h>
    int main() {
        char s[81];
        int num[123], i, cnt=0;
        while(~scanf("%s",s)) {
            if (cnt>0) printf("\n");
            cnt++;
            memset(num,0,sizeof(num));   //统计字符出现次数的计数器数组清 0
            for(i=0; i<strlen(s); i++){  //扫描字符串 s,直接以其每个字符为下标计数
                num[s[i]]++;
            }
            for(i=48; i<123; i++) {      //i 从 48~122 循环
                if(num[i]!=0)            //若 num[i]!=0,则输出 i 对应的字符及其个数
                    printf("%c %d\n",i,num[i]);
            }
        }
        return 0;
    }
```

若对某字符的 ASCII 码不熟悉,可对其强制转换并输出得到,如输出 "(int) 'z'"。另外,数组可如此定义: "int num['z'+1];"; 循环变量可用字符变量,如 "for(char c= '0'; i<= 'z'; i++)"。本题还有其他解法,读者可自行思考并编程实现。

16. 溢出控制

程序设计中处理有符号整型数据时,往往要考虑该整型的表示范围,否则,就会产生溢出(超出表示范围)的麻烦。例如,1 字节(1 字节有 8 个二进制位)的整型能表示的最大整数是 127(2^7-1);2 字节的整型能表示的最大整数是 32767($2^{15}-1$)。为了避免溢出,必须事先确定 m 字节的整型能表示的最大整数。

输入格式：

测试数据有多组，处理到文件尾。每组测试输入一个整数 m（$1 \leq m \leq 16$），表示某整型数有 m 字节。

输出格式：

对于每组测试数据，在一行上输出 m 字节的有符号整型数能表示的最大整数。

输入样例：

2

输出样例：

32767

解析：

m 字节的有符号整型能表示的最大整数 $s=2^{8m-1}-1$。当 m 大于 8 时，s 将超出 8 字节的 long long int 所能表示的范围，故考虑用字符串或数组来表示 s（字符串或数组中的每个元素表示 s 中的一位数）。这里使用字符串实现，从字符串"1"开始，共进行 $8m-1$ 次循环，每次在前一个结果字符串的基础上"乘" 2（从最后一个字符开始逐个字符转换为数字乘 2 并加上进位得到整数 t，再将 t 的个位转换为数字字符存放在原位，t 的十位作为新的进位）；最后得到的字符串的最后一位再减 1 即为最终结果。例如，当 $m=1$ 时，循环 7 次，得到的字符串依次为"2"、"4"、"8"、"16"、"32"、"64"、"128"，最终结果为"127"。

具体代码如下。

```cpp
//C++风格代码
#include<iostream>
#include<string>
using namespace std;
int main() {
    int m;
    while(cin>>m) {
        string s="1";
        for(int i=1; i<=m*8-1; i++) {           //循环 8m-1 次
            int carry=0;                         //进位，初值为 0
            for(int j=s.size()-1;j>=0; j--){    //从最后一个字符开始，逐个字符处理
                int t=(s[j]-'0')*2+carry;        //将字符转换为数字乘2并加上进位得到t
                s[j]=t%10+'0';                   //将 t 的个位转换为字符存放在 s[j]中
                carry=t/10;                      //t 的十位作为新的进位
            }
            if(carry>0) s=char(carry+'0')+s;    //处理最后进位
        }
        s[s.size()-1]--;                         //最后一个字符减 1
        cout<<s<<endl;
    }
    return 0;
}
```

```
//C 风格代码
#include <stdio.h>
#include <string.h>
int main() {
    char s[40];
    int i, j, m, t, carry;
    while(~scanf("%d",&m)) {
        memset(s,0,sizeof(s));
        s[0]='1';
        for(i=1; i<=m*8-1; i++) {          //循环 8m-1 次
            carry=0;                        //进位，初值为 0
            for(j=strlen(s)-1;j>=0;j--){//从最后一个字符开始，逐个字符处理
                t=(s[j]-'0')*2+carry;       //将字符转换为数字乘 2 并加上进位得到 t
                s[j]=t%10+'0';              //将 t 的个位转换为字符存放在 s[j]中
                carry=t/10;                 //t 的十位作为新的进位
            }
            if(carry>0) {                   //处理最后的进位
                for(j=strlen(s)-1; j>=0; j--) s[j+1]=s[j];
                s[0]=carry+'0';
                s[strlen(s)+1]='\0';
            }
        }
        s[strlen(s)-1]--;                   //最后一个字符减 1
        printf("%s\n",s);
    }
    return 0;
}
```

上述代码采用字符串存放结果，其中的 C 语言代码稍显烦琐。C 语言的字符数组长度若暂时确定不好为多大时，可先将其定义得稍大一些（如 100），在运行之后得到最长结果（m=16 时，结果长度为 39）后再更新（注意预留一个字符串结束符的位置）。读者也可尝试使用整型数组存放结果并编程实现之。

17. 计算天数

根据输入的日期，计算该日期是该年的第几天。

输入格式：

测试数据有多组，处理到文件尾。每组测试输入一个具有格式 "Mon DD YYYY" 的日期。其中，Mon 是由 3 个字母表示的月份，DD 是一个 2 位整数表示的日期，YYYY 是一个 4 位整数表示的年份。

提示：闰年则是指该年份能被 4 整除而不能被 100 整除或者能被 400 整除。1—12 月分别表示为：Jan，Feb，Mar，Apr，May，Jun，Jul，Aug，Sep，Oct，Nov，Dec。

输出格式：

对于每组测试，计算并输出该日期是该年的第几天。

输入样例:

Oct 26 2023

输出样例:

299

解析:

若将 3 个字母表示的月份转换为整数 m,则可将 1~m-1 这些月份的天数逐个月相加,最后再加上当月的天数。对于 2 月,需考虑输入的年份是否为闰年,若是则 2 月天数为 29。简单起见,使用两个数组(下标从 1 开始用),一是存放每月天数的整型数组 a,二是存放英文字母表示的月份的字符串数组 b;对于输入的月份 ms,在数组 b 中查找 ms 得到整数(下标)m,再将 $a[1]$~$a[m-1]$ 累加;最后再加上当月的天数即为结果。

具体代码如下。

```cpp
//C++风格代码
#include <iostream>
#include <string>
using namespace std;
const int N=13;
int main() {
    int a[N]={0, 31, 28, 31, 30, 31, 30,
              31, 31, 30, 31, 30, 31};   //每月天数(下标从1开始用)
    string b[N]={"", "Jan","Feb","Mar","Apr","May","Jun","Jul","Aug","Sep",
                 "Oct","Nov","Dec"};     //字母表示的月份
    string ms;
    int y,d;
    while(cin>>ms>>d>>y) {
        int m,sum=0, i;
        for(i=1; i<N; i++) {              //在b数组中查找月份ms
            if (ms==b[i]) {               //若找到则保存下标至m中
                m=i;
                break;
            }
        }
        sum+=d;                           //加上当月天数
        //若包含2月且年份为闰年,则天数多加1天
        if (m>2 && (y%4==0 && y%100!=0 || y%400==0))
            sum++;
        for(i=1; i<m; i++) sum+=a[i];     //累加1~m-1月的天数
        cout<<sum<<endl;
    }
    return 0;
}
```

//C 风格代码

```c
#include <stdio.h>
#include <string.h>
#define N 13
int main() {
    int a[N]={0, 31, 28, 31, 30, 31, 30,
                 31, 31, 30, 31, 30, 31};     //每月天数（下标从1开始用）
    char b[N][4]={"", "Jan","Feb","Mar","Apr","May","Jun","Jul","Aug","Sep",
                  "Oct","Nov","Dec"};     //字母表示的月份
    int d, i, y, m, sum;
    char ms[4];
    while(~scanf("%s%d%d",&ms,&d,&y)) {
        sum=0;
        for(i=1; i<N; i++) {                  //在b数组中查找月份ms
            if (strcmp(ms,b[i])==0) {         //若找到则保存下标至m中
                m=i;
                break;
            }
        }
        sum+=d;                               //加上当月天数
        //若包含2月且年份为闰年，则天数多加1天
        if (m>2 && (y%4==0 && y%100!=0 || y%400==0))
            sum++;
        for(i=1; i<m; i++) sum+=a[i];         //累加1~m-1月的天数
        printf("%d\n",sum);
    }
    return 0;
}
```

18. 判断对称方阵

输入一个整数 n 及一个 n 阶方阵，判断该方阵是否以主对角线对称，输出 Yes 或 No。

输入格式：

首先输入一个正整数 T，表示测试数据的组数，然后是 T 组测试数据。每组数据的第一行输入一个整数 n（$1<n<100$），接下来输入 n 阶方阵（共 n 行，每行 n 个整数）。

输出格式：

对于每组测试，若该方阵以主对角线对称，则输出 Yes，否则输出 No。

输入样例：

```
1
4
1 2 3 4
2 9 4 5
3 4 8 6
4 5 6 7
```

输出样例：

```
Yes
```

解析：

方阵主对角线上的元素行、列下标相等。可逐行检查主对角线两侧对称位置上的元素是否相等，若是则继续比较，否则结束比较。方便起见，使用一个标记变量 flag，其初值为 true（或 1），将 flag 同时作为扫描行和列的循环条件，若有主对角线两侧对称位置上的元素不相等，则置 flag 为 false（或 0），从而直接结束二重循环。

具体代码如下。

```cpp
//C++风格代码
#include<iostream>
using namespace std;
int main() {
    int T;
    cin>>T;
    while(T--) {
        int i, j, n, a[100][100];
        cin>>n;
        for(i=0; i<n; i++) {
            for(j=0; j<n; j++) cin>>a[i][j];
        }
        bool flag=true;                              //标记变量 flag 置为 true，假设对称
        for(i=0; i<n&&flag==true; i++) {             //逐行扫描检查
            for(j=0; j<i&&flag==true; j++){          //扫描当前行对角线之前的列
                if(a[i][j]!=a[j][i]) {               //若对称位置上的元素不等
                    flag=false;                      //则置 flag 为 false
                }
            }
        }
        if(flag==false) cout<<"No"<<endl;
        else cout<<"Yes"<<endl;
    }
    return 0;
}
```

```c
//C 风格代码
#include <stdio.h>
int main() {
    int a[100][100], T, i, j, n, flag;
    scanf("%d",&T);
    while(T--) {
        scanf("%d",&n);
        for(i=0; i<n; i++) {
            for(j=0; j<n; j++) scanf("%d",&a[i][j]);
        }
        flag=1;                                      //标记变量 flag 置为 1，假设对称
```

```
            for(i=0; i<n&&flag; i++) {           //逐行扫描检查
                for(j=0; j<i&&flag; j++) {      //扫描当前行对角线之前的列
                    if(a[i][j]!=a[j][i]) {      //若对称位置上的元素不等
                        flag=0;                  //则置 flag 为 0
                    }
                }
            }
            if(!flag) puts("No");
            else puts("Yes");
        }
        return 0;
    }
```

19. 成绩排名

对于 n 个学生 m 门课程的成绩，按平均成绩从大到小输出学生的学号（不处理那些有功课不及格的学生），对于平均成绩相同的情况，学号小的排在前面。

输入格式：

首先输入一个正整数 T，表示测试数据的组数，然后是 T 组测试数据。每组数据首先输入 2 个正整数 n、m（$1 \leq n \leq 50$，$1 \leq m \leq 5$），表示有 n 个学生和 m 门课程，然后是 n 行 m 列的整数，依次表示学号从 1~n 的学生的 m 门课程的成绩。

输出格式：

对于每组测试，在一行内按平均成绩从大到小输出没有不及格课程的学生学号（每两个学号之间留一空格）。若无满足条件的学生，则输出 NULL。

输入样例：

```
1
4 3
60 60 61
60 61 60
77 78 29
60 62 60
```

输出样例：

```
4 1 2
```

解析：

本题要求按平均成绩排序，因每人课程门数一样，故可按总分排序，又因需输出学号（序号），故采用两个整型一维数组 a、sum 分别存放序号和总分。因题目要求"对于平均成绩相同的情况，学号小的排在前面"，故采用冒泡排序（能保证总分相同时，排序后学号相对次序不改变）。又因题目要求不处理不及格学生，故可使用标记变量 flag 的方法，flag 初值设为 true（或 1）表示一开始假设一个学生的所有课程都及格，一旦输入不及格成绩则置 flag 为 false（或 0），在一个学生所有成绩输入之后，若 flag 为 false（或 0），则置其总分为 0，并使不及格人数计数器增 1（便于后面输出 NULL）。

具体代码如下。

```cpp
//C++风格代码
#include<iostream>
using namespace std;
int main() {
    int T;
    cin>>T;
    while(T--) {
        int i, j, m, n, t, cnt=0;
        cin>>n>>m;
        int a[50], sum[50];
        //序号、总分数组初始化
        for(i=0; i<n; i++) a[i]=i+1, sum[i]=0;
        for(i=0; i<n; i++) {
            bool flag=true;              //标记变量设为true，假设没有不及格课程
            for(j=0; j<m; j++) {
                cin>>t;
                sum[i]+=t;
                if(t<60) flag=false;     //若有不及格课程，置标记变量flag为false
            }
            //若flag为false，则总分清0、不及格门数增1
            if (flag==false) sum[i]=0, cnt++;
        }
        for(i=0; i<n-1; i++) {           //冒泡排序
            for(j=0; j<n-1-i; j++) {
                if(sum[j]<sum[j+1]) {    //若总分位置不对，则交换总分、序号
                    swap(sum[j],sum[j+1]);
                    swap(a[j],a[j+1]);
                }
            }
        }
        if(cnt==n) {                     //有不及格课程的人数为n
            cout<<"NULL\n";
            continue;
        }
        cout<<a[0];                      //先输出第一个元素
        //从第二个元素开始，先输出空格再输出元素
        for(i=1; i<n-cnt; i++) cout<<" "<<a[i];
        cout<<endl;
    }
    return 0;
}

//C风格代码
#include <stdio.h>
int main() {
```

```c
        int a[50], sum[50], T, i, j, m, n, t, cnt, flag;
        scanf("%d",&T);
        while(T--) {
            scanf("%d%d",&n,&m);
            //序号、总分数组初始化
            for(i=0; i<n; i++) a[i]=i+1, sum[i]=0;
            cnt=0;
            for(i=0; i<n; i++) {
                flag=1;                         //标记变量设为 1，假设没有不及格课程
                for(j=0; j<m; j++) {
                    scanf("%d",&t);
                    sum[i]+=t;
                    if(t<60) flag=0;            //若有不及格课程，置标记变量 flag 为 0
                }
                //若 flag 为 0，则总分清 0、不及格门数增 1
                if (flag==0)  sum[i]=0, cnt++;
            }
            for(i=0; i<n-1; i++) {              //冒泡排序
                for(j=0; j<n-1-i; j++) {
                    if(sum[j]<sum[j+1]) {       //若总分位置不对，则交换总分、序号
                        t=sum[j], sum[j]=sum[j+1], sum[j+1]=t;
                        t=a[j], a[j]=a[j+1], a[j+1]=t;
                    }
                }
            }
            if(cnt==n) {                        //有不及格课程的人数为 n
                printf("NULL\n");
                continue;
            }
            printf("%d",a[0]);                  //先输出第一个元素
            //从第二个元素开始，先输出空格再输出元素
            for(i=1; i<n-cnt; i++) printf(" %d",a[i]);
            printf("\n");
        }
        return 0;
    }
```

本题的输入样例是一个二维数组的形式，但因不必保存每个学生各门课的成绩，故无须使用二维数组。

20. 找成绩

给定 n 个同学的 m 门课程成绩，要求找出总分排列第 k 名（保证没有相同总分）的同学，并依次输出该同学的 m 门课程的成绩。

输入格式：

首先输入一个正整数 T，表示测试数据的组数，然后是 T 组测试数据。每组测试包含两部分，第一行输入 3 个整数 n、m 和 k ($2 \leqslant n \leqslant 10, 3 \leqslant m \leqslant 5, 1 \leqslant k \leqslant n$)；接下来的 n 行，每行

输入 m 个百分制成绩。

输出格式：

对于每组测试，依次输出总分排列第 k 的那位同学的 m 门课程的成绩，每两个数据之间留一空格。

输入样例：

```
1
7 4 3
74 63 71 90
98 68 83 62
90 55 93 95
68 64 93 94
67 76 90 83
56 51 87 88
62 58 60 81
```

输出样例：

```
67 76 90 83
```

解析：

本题可先用一个总分数组保存每个学生的总分，然后按总分降序排序，再输出第 k（下标为 $k-1$）个学生的各门课成绩。因要求输出第 k 名学生的各门课程成绩，故需使用二维数组保存每个学生的各门课成绩。排序时，若总分位置不对（某个元素对应的总分小于其后一个元素对应的总分），则交换总分及相应的各门课成绩。

具体代码如下。

```cpp
//C++风格代码
#include<iostream>
using namespace std;
int main() {
    int T;
    cin>>T;
    while(T--) {
        int a[10][5], b[10];            //a 数组保存各学生的各门课成绩、b 数组保存总分
        int i, j, k, m, n;
        cin>>n>>m>>k;
        for(i=0; i<10; i++) b[i]=0; //总分数组清 0
        for(i=0; i<n; i++) {            //输入 n 个学生的 m 门课成绩，并计算每人的总分
            for(j=0; j<m; j++) {
                cin>>a[i][j];
                b[i]+=a[i][j];
            }
        }
        for(i=0; i<n-1; i++) {          //冒泡排序
            for(j=0; j<n-i-1; j++) {
```

```
            if(b[j]<b[j+1]) {        //若总分位置不对，则交换总分及各门课成绩
                swap(b[j],b[j+1]);
                for(int l=0; l<m; l++) swap(a[j][l],a[j+1][l]);
            }
        }
    }
    for(i=0; i<m; i++) {
        if(i>0) cout<<" ";          //若不是第一个数据，则先输出一个空格
        cout<<a[k-1][i];
    }
    cout<<endl;
}
return 0;
}

//C 风格代码
#include <stdio.h>
int main() {
    int a[10][5], b[10], T, i, j, k, l, m, n, t;
    scanf("%d",&T);
    while(T--) {
        scanf("%d%d%d",&n,&m,&k);
        for(i=0; i<10; i++) b[i]=0; //总分数组清 0
        for(i=0; i<n; i++) {        //输入 n 个学生的 m 门课成绩，并计算每人的总分
            for(j=0; j<m; j++) {
                scanf("%d",&a[i][j]);
                b[i]+=a[i][j];
            }
        }
        for(i=0; i<n-1; i++) {      //冒泡排序
            for(j=0; j<n-i-1; j++) {
                if(b[j]<b[j+1]) {    //若总分位置不对，则交换总分及各门课成绩
                    t=b[j],b[j]=b[j+1],b[j+1]=t;
                    for(l=0; l<m; l++) t=a[j][l],a[j][l]=a[j+1][l],a[j+1][l]=t;
                }
            }
        }
        for(i=0; i<m; i++) {
            if(i>0) printf(" ");     //若不是第一个数据，则先输出一个空格
            printf("%d",a[k-1][i]);
        }
        printf("\n");
    }
    return 0;
}
```

21. 最值互换

给定一个 n 行 m 列的矩阵，请找出最大数与最小数并交换它们的位置。若最大或最小数有多个，以最前面出现者为准（矩阵以行优先的顺序存放，请参照样例）。

输入格式：

测试数据有多组，处理到文件尾。每组测试数据的第一行输入 2 个整数 n，m（$1<n$，$m<20$），接下来输入 n 行数据，每行 m 个整数。

输出格式：

对于每组测试数据，输出处理完毕的矩阵（共 n 行，每行 m 个整数），每行中每两个数据之间留一个空格。具体参看输出样例。

输入样例：

```
3 3
4 9 1
3 5 7
8 1 9
```

输出样例：

```
4 1 9
3 5 7
8 1 9
```

解析：

一开始假设最大、最小值都是首元素，将假设最大值的行、列下标 s、t 和假设最小值的行、列下标 k、l 都置为 0；然后扫描二维数组，若当前元素大于假设的最大值，则保存行、列下标到 s、t 中，若当前元素小于假设最小值，则保存行、列下标到 k、l 中。因当前元素等于假设的最大值或最小值时，不改变 s、t 或 k、l 的值，故能满足"若最大或最小数有多个，以最前面出现者为准"的要求。

具体代码如下。

```cpp
//C++风格代码
#include <iostream>
using namespace std;
const int N=20;
int main() {
    int i, j, k, l, m, n, s, t, a[N][N];
    while(cin>>n>>m) {
        for(i=0; i<n; i++) {
            for(int j=0; j<m; j++) {
                cin>>a[i][j];
            }
        }
        //假设最大、最小值都是 a[0][0]，假设最大值的行、列下标保存在 s、t 中，
        //假设最小值的行、列下标保存在 k、l 中，初值都置为 0
        s=t=k=l=0;
```

```
        //扫描二维数组,若当前元素大于假设的最大值,则保存行、列下标到s、t中,
        //若当前元素小于假设的最小值,则保存行、列下标到k、l中
        for(i=0; i<n; i++) {
            for(j=0; j<m; j++) {
                if(a[i][j]>a[s][t]) s=i, t=j;
                if(a[i][j]<a[k][l]) k=i, l=j;
            }
        }
        swap(a[s][t],a[k][l]);          //交换最大、最小值的位置
        for(i=0; i<n; i++) {
            for(j=0; j<m; j++) {
                if(j>0) cout<<" ";      //若不是第一个元素,则先输出一个空格
                cout<<a[i][j];
            }
            cout<<endl;                 //每行数据输完后换行
        }
    }
    return 0;
}

//C风格代码
#include <stdio.h>
#define N 20
int main() {
    int a[N][N], i, j, k, l, m, n, s, t, tt;
    while(~scanf("%d%d",&n,&m)) {
        for(i=0; i<n; i++) {
            for(j=0; j<m; j++) {
                scanf("%d",&a[i][j]);
            }
        }
        //假设最大、最小值都是a[0][0],假设最大值的行、列下标保存在s、t中,
        //假设最小值的行、列下标保存在k、l中,初值都置为0
        s=t=k=l=0;
        //扫描二维数组,若当前元素大于假设的最大值,则保存行、列下标到s、t中,
        //若当前元素小于假设的最小值,则保存行、列下标到k、l中
        for(i=0; i<n; i++) {
            for(j=0; j<m; j++) {
                if(a[i][j]>a[s][t]) s=i,t=j;
                if(a[i][j]<a[k][l]) k=i,l=j;
            }
        }
        //交换最大、最小值的位置
        tt=a[s][t], a[s][t]=a[k][l], a[k][l]=tt;
        for(i=0; i<n; i++) {
            for(j=0; j<m; j++) {
                if(j>0) printf(" ");    //若不是第一个元素,则先输出一个空格
```

```
            printf("%d",a[i][j]);
        }
        printf("\n");                //每行数据输完后换行
    }
    return 0;
}
```

22. 构造矩阵

当 $n=3$ 时,所构造的矩阵如输出样例所示。观察该矩阵,相信你能找到规律。现在,给你一个整数 n,请构造出相应的 n 阶矩阵。

输入格式:

首先输入一个正整数 T,表示测试数据的组数,然后是 T 组测试数据。每组测试数据输入一个正整数 n($n\leqslant 20$)。

输出格式:

对于每组测试,逐行输出构造好的矩阵,每行中的每个数字占 5 个字符宽度。

输入样例:

1
3

输出样例:

```
    4    2    1
    7    5    3
    9    8    6
```

解析:

观察构造好的 3 阶矩阵,发现规律:共填 1~9 这 9 个数字,第一行倒数第一列填 1 到最后一列为止,从第一行倒数第二列开始往右下斜线(行、列下标都依次增 1)填 2、3 到最后一列为止,从第一行倒数第三列开始往右下斜线填 4、5、6 到最后一列为止;然后(列下标已越界 n 次)从第二行第一列开始往右下斜线填 7、8 到最后一行为止,从第三行第一列开始往右下斜线填 9 到最后一行为止。

对于 n 阶矩阵,共填 1~n^2 这 n^2 个数字,可分两部分进行填写,第一部分是从行下标 i 为 0 且列下标 j 分别为 $n-1$, $n-2$,…, 0 开始往右下斜线走,直到最后一列(j 再增 1 则越界)为止;第二部分是从列下标 j 为 0 且行下标 i 分别为 1, 2,…, $n-1$ 开始往右下斜线走,直到最后一行(i 再增 1 则越界)为止。

输出的元素占 5 个字符宽度,C++代码可用 setw(5)(头文件 iomanip)控制,C 语言代码可在 printf 中用格式控制串"%5d"控制。

具体代码如下。

```
//C++风格代码
#include<iostream>
#include<iomanip>
```

```cpp
using namespace std;
int main() {
    int T;
    cin>>T;
    while(T--) {
        int a[20][20];
        int n;
        cin>>n;
        int i=0, j=n-1, val=1;              //初始化当前行、列下标 i、j 及值 val
        //初始化起始列、行下标 col、row 及 i 或 j 越界计数器 cnt
        int col=n-1, row=0, cnt=0;
        while(val<=n*n) {                    //当值还没填完时循环
            a[i][j]=val++;                   //将 val 填在(i, j)位置,再使 val 值增 1
            i++, j++;                        //行、列下标各自增 1,即往右下斜线走
            if (j==n || i==n) {              //若 j 或 i 越界,则重新定位起始位置
                cnt++;                       //越界计数器 cnt 增 1
                //若 cnt 小于 n,则回到第一行(i=0)的 col 前一列开始填,
                //否则,则从 row 下一行的第 1 列(j=0)开始填
                if (cnt<n) {
                    i=0;
                    j=--col;
                }
                else {
                    i=++row;
                    j=0;
                }
            }
        }
        for (i=0; i<n; i++) {                //输出,每个元素占 5 个字符宽度
            for (j=0; j<n; j++)
                cout<<setw(5)<<a[i][j];
            cout<<endl;
        }
    }
    return 0;
}

//C 风格代码
#include <stdio.h>
int main() {
    int a[20][20], T, i, j, n, cnt, col, row, val;
    scanf("%d",&T);
    while(T--) {
        scanf("%d",&n);
        i=0, j=n-1, val=1;                   //初始化当前行、列下标 i、j 及值 val
        //初始化起始列、行下标 col、row 及 i 或 j 越界计数器 cnt
        col=n-1, row=0, cnt=0;
```

```
            while(val<=n*n) {                    //当值还没填完时循环
                a[i][j]=val++;                   //将 val 填在(i, j)位置,再使 val 值增 1
                i++, j++;                        //行、列下标各自增 1,即往右下斜线走
                if (j==n || i==n) {              //若 j 或 i 越界,则重新定位起始位置
                    cnt++;                       //越界计数器 cnt 增 1
                    //若 cnt 小于 n,则回到第一行(i=0)的 col 前一列开始填,
                    //否则,则从 row 下一行的第 1 列(j=0)开始填
                    if (cnt<n) {
                        i=0;
                        j=--col;
                    }
                    else {
                        i=++row;
                        j=0;
                    }
                }
            }
            for (i=0; i<n; i++) {                //输出,每个元素占 5 个字符宽度
                for (j=0; j<n; j++)
                    printf("%5d",a[i][j]);
                printf("\n");
            }
        }
        return 0;
    }
```

上述代码将从第一行（*i*=0）开始和从第一列（*j*=0）开始的两部分合在一起表达。实际上，这两部分也可以分开分别编写代码。另外，是否还有其他解法呢？读者可自行思考并编程实现。

23. 数雷

扫雷游戏玩过吗？没玩过的请参考图 4-1。

图 4-1　扫雷游戏示意图

点开一个格子的时候，如果这一格没有雷，那它上面显示的数字就是周围 8 个格子的地雷总数。给你一个矩形区域表示的雷区，请数一数各个无雷格子周围（上，下，左，右，左上，右上，左下，右下 8 个方向）有几颗雷。

输入格式：

首先输入一个正整数 T，表示测试数据的组数，然后是 T 组测试数据。对于每组测试，第一行输入 2 个整数 x，y（$1 \leq x$，$y \leq 15$），接下来输入 x 行每行 y 个字符，用于表示地雷的分布，其中，"*"表示地雷，"."表示该处无雷。

输出格式：

对于每组测试，输出 $x*y$ 的矩形，有地雷的格子显示"*"，没地雷的格子显示其周围 8 个格子中的地雷总数。任意两组测试之间留一个空行。

输入样例：

1
3 3
**.
..*
.*.

输出样例：

**2
34*
1*2

解析：

雷区用一个二维字符数组表示，若当前元素为'*'，则可直接输出；若当前元素为'.'，则统计其周围 8 个格子中'*'的个数并输出。方便起见，设置一个 8 行 2 列的二维方向增量数组 dir[8][2]，dir[k][0]、dir[k][1]（$0 \leq k < 8$）表示相对于行、列下标对应位置(i, j)的新位置在行、列上的增量；如 dir[0][0]=-1、dir[0][1]=0 表示新位置为(i-1, j)，即行下标 i 减 1、列下标 j 不变。

具体代码如下。

```
//C++风格代码
#include<iostream>
using namespace std;
const int N=15;
char a[N][N];
//方向增量数组
int dir[8][2]={{-1,0},{0, 1},{1, 0},{0, -1},{1, 1},{-1, -1},{1, -1},{-1, 1}};
int main() {
    int T;
    cin>>T;
    while(T--) {
        int m, n;
        cin>>m>>n;
```

```cpp
            for (int i=0; i<m; i++) cin>>a[i];
            for (int i=0; i<m; i++) {              //扫描二维字符数组
                for (int j=0; j<n; j++) {
                    if (a[i][j]=='.') {            //若当前元素为'.'
                        int cnt=0;                 //计数器 cnt 清 0
                        for (int k=0; k<8; k++){   //则统计其周围 8 个格子的'*'的个数
                            int dx,dy;
                            dx=i+dir[k][0];        //周围其中一个格子的行下标
                            dy=j+dir[k][1];        //周围其中一个格子的列下标
                            //若下标越界，则跳过该格子
                            if (dx<0 || dx>=m || dy<0 || dy>=n) continue;
                            //若 dx、dy 对应格子为'*'，则相应位置的雷数增 1
                            if (a[dx][dy]=='*') cnt++;
                        }
                        cout<<cnt;
                    }
                    else cout<<'*';
                }
                cout<<endl;
            }
            if (T) cout<<endl;
        }
        return 0;
    }

    //C 风格代码
    #include <stdio.h>
    #include <string.h>
    #define N 15
    //方向增量数组
    int dir[8][2]={{-1, 0},{0, 1},{1, 0},{0, -1},{1, 1},{-1, -1},{1, -1},{-1, 1}};
    int main() {
        char a[N][N];
        int T, i, j, k, m, n, dx, dy, cnt;
        scanf("%d",&T);
        while(T--) {
            scanf("%d%d",&m,&n);
            for(i=0;i<m;i++) scanf("%s", a[i]);
            for(i=0;i<m;i++) {                     //扫描二维字符数组
                for(j=0;j<n;j++) {
                    if (a[i][j]=='.'){             //若当前元素为'.'
                        cnt=0;                     //计数器 cnt 清 0
                        for (k=0;k<8;k++){         //则统计其周围 8 个格子的'*'的个数
                            dx=i+dir[k][0];        //周围其中一个格子的行下标
                            dy=j+dir[k][1];        //周围其中一个格子的列下标
                            //若下标越界，则跳过该格子
```

```
                    if (dx<0 || dx>=m || dy<0 || dy>=n) continue;
                    //若dx、dy对应格子为'*',则相应位置的雷数增1
                    if (a[dx][dy]=='*') cnt++;
                }
                printf("%d",cnt);
            }
            else printf("*");
        }
        printf("\n");
    }
    if (T) printf("\n");
}
    return 0;
}
```

本题是否还有其他思路和实现方法？请读者自行思考并编程实现。

24. 求串长

输入一个字符串（可能包含空格，长度不超过20），输出该串的长度。

输入样例：

welcome to acm world

输出样例：

20

解析：

若用 C++ 的 string 类型变量 s 存放字符串，则可用 $s.size()$ 或 $s.length()$ 求得 s 的串长；若用 C 语言的字符数组 t 存放字符串，则可用 strlen(t) 求得 t 的串长。因输入的字符串可能包含空格，需用 getline（C++）或 gets（C 语言）函数输入字符串。

具体代码如下。

```cpp
//C++风格代码
#include<string>
#include<iostream>
using namespace std;
int main() {
    string s;
    while(getline(cin,s)) {
        cout<<s.size()<<endl;
    }
    return 0;
}

//C 风格代码
#include <stdio.h>
```

```
#include <string.h>
int main() {
    char s[21];
    while(gets(s)) {
        printf("%d\n",strlen(s));
    }
    return 0;
}
```

使用 strlen 函数求字符数组（字符串）长度时，应包含相应的头文件 string.h。

25. 求子串

输入一个字符串，输出该字符串的子串。

输入格式：

首先输入一个正整数 k，然后是一个字符串 s（可能包含空格，长度不超过 20），k 和 s 之间用一个空格分开（k 大于 0 且小于或等于 s 的长度）。

输出格式：

输出字符串 s 从头开始且长度为 k 的子串。若长度不足 k，则取完为止。

输入样例：

```
10 welcome to acm world
```

输出样例：

```
welcome to
```

解析：

若用 C++ 的 string 类型变量 s 存放字符串，则可用 s.substr(0,k) 求得 s 从头开始且长度为 k 的子串；若用 C 语言的字符数组 t 存放字符串，则可从下标 0 至 $k-1$ 逐个字符扫描并输出，若扫描过程中遇到字符串结束符'\0'，则表明不足 k 个字符，可结束循环。

因输入的字符串包含空格，需用 getline（C++）或 gets（C 语言）函数输入字符串。注意，在调用 getline 或 gets 之前需吸收整数 k 之后的空格符。

具体代码如下。

```
//C++风格代码
#include <iostream>
#include <string>
using namespace std;
int main() {
    int k;
    string s;
    while(cin>>k) {
        cin.get();                    //吸收空格
        getline(cin,s);               //输入字符串
        s=s.substr(0,k);              //求子串
        cout<<s<<endl;
```

```c
        }
        return 0;
}

//C风格代码
#include <stdio.h>
#include <string.h>
int main() {
    char s[21];
    int i,k;
    while(~scanf("%d",&k)) {
        getchar();                              //吸收空格
        gets(s);                                //输入字符串
        for(i=0;i<k;i++) {                      //下标从 0~k-1 逐个字符输出
            if (s[i]=='\0') break;              //若遇到字符串结束符，则结束循环
            printf("%c",s[i]);
        }
        printf("\n");
    }
    return 0;
}
```

简单起见，上述 C 语言代码并未取得子串，仅是逐个字符输出。在线做题通常通过比对测试数据判断程序的对错，故可如此处理。C 语言中如何真正取得子串？读者可自行思考并编程实现。

26. 查找字符串

在一行上输入两个字符串 s 和英文字符串 t，要求在 s 中查找 t。其中，字符串 s，t 均不包含空格，且长度均小于 80。

输入格式：

首先输入一个正整数 T，表示测试数据的组数，然后是 T 组测试数据。每组测试输入 2 个长度不超过 80 的字符串 s 和 t。

输出格式：

对于每组测试数据，若在 s 中找到 t，则输出 Found!，否则输出 not Found!。

输入样例：

```
2
dictionary lion
factory act
```

输出样例：

```
not Found!
Found!
```

解析：

若用 C++ 的 string 类型变量 s、t 存放字符串，则可用 $s.find(t)$ 在主串 s 中查找子串 t，若找到则返回 t 的首字符在 s 中的下标，否则返回 string::npos（若将其赋值给 int 类型变量 k，则 k 等于 -1）；若用 C 语言的字符数组 s、t 存放字符串，则可用 strstr(s,t) 判断字符串 t 是否字符串 s 的子串，若是则返回 t 的首字符在 s 中的地址（指针），否则返回 NULL。C 语言的 strstr 函数的头文件是 string.h。

具体代码如下。

```
//C++风格代码
#include <iostream>
#include <string>
using namespace std;
int main() {
    int T;
    cin>>T;
    while(T--) {
        string s,t;
        cin>>s>>t;
        int j=s.find(t); //若在 s 中找到 t，则 j 为 t 的首字符在 s 中的下标，否则 j 为-1
        if (j>=0)
            cout<<"Found!\n";
        else
            cout<<"not Found!\n";
    }
    return 0;
}

//C 风格代码
#include <stdio.h>
#include <string.h>
int main() {
    char s[81],t[81];
    int T;
    scanf("%d",&T);
    while(T--) {
        scanf("%s%s",s,t);
        if (strstr(s,t)) //若在 s 中找到 t，则返回 t 首字符在 s 中的地址，否则返回 NULL
            puts("Found!");
        else
            puts("not Found!");
    }
    return 0;
}
```

本题还有其他解法，请读者自行思考并编程实现。

函数习题解析

5.1 选择题解析

1. 当一个函数无返回值时,函数的返回类型应为(   )。
   A. 任意　　　　　　B. void　　　　　　C. int　　　　　　D. char

解析:
当一个函数无返回值时,函数的返回类型应为空类型 void,答案选 B。

2. C/C++语言中不可以嵌套的是(   )。
   A. 函数调用　　　　B. 函数定义　　　　C. 循环语句　　　　D. 选择语句

解析:
C/C++语言中允许函数嵌套调用、嵌套循环(多重循环)、嵌套的 if 语句等,但不允许函数嵌套定义(在函数定义中再定义另一个函数),答案选 B。

3. 在 C/C++语言中函数返回值的类型是由(   )决定的。
   A. 主函数
   B. return 语句中的表达式类型
   C. 函数定义中指定的返回类型
   D. 调用该函数时的主调函数类型

解析:
在 C/C++语言中函数返回值的类型是由函数返回类型决定的,若 return 语句后的表达式类型与函数返回类型不一致,则以函数返回类型为准,答案选 C。

4. 下列函数中,(   )没有返回值。
   A. int f(){ int a=2; return a*a; }
   B. void g(){ printf("c\n"); }
   C. int h(){ int a=2; return a*a*a;}
   D. 以上都是

解析:
选项 A、C 中的函数返回类型为 int,都返回一个整数;选项 B 中的函数返回类型为空类型 void,表示该函数无返回值,答案选 B。

5. 被调函数返回给主调函数的值称为(   )。

A. 形参　　　　　B. 实参　　　　　C. 返回值　　　　　D. 参数

解析：

被调函数返回给主调函数的值通过 return 语句返回，称为返回值，答案选 C。

6. 被调函数通过（　　）语句，将值返回给主调函数。

A. if　　　　　B. for　　　　　C. while　　　　　D. return

解析：

被调函数返回给主调函数的值通过 return 语句返回，称为返回值，答案选 D。

7. 若有语句 "void f(int a){ a=3;}"，则以下代码

```
int n=1;
f(n);
//C++风格代码
cout<<n<<endl;
//C风格代码
printf("%d\n",n);
```

的执行结果是（　　）。

A. 3　　　　　B. 1　　　　　C. 0　　　　　D. 不确定

解析：

f 函数中的形参 a 是值参数，函数调用时将实参 n 的值单向传递给形参 a，形参 a 的改变不会影响实参 n，答案选 B。

8. 函数定义如下。

```
void f(int b) { b=9;}
```

实参数组及函数调用如下。

```
int a[5]={1};
f(a[1]);
```

则以下输出语句的结果为（　　）。

```
//C++风格代码
cout<<a[1]<<endl;
//C风格代码
printf("%d\n",a[1]);
```

A. 0　　　　　B. 1　　　　　C. 9　　　　　D. 以上都不对

解析：

f 函数中的形参 b 是值参数，函数调用时将实参 $a[1]$ 的值 0（数组部分初始化时未明确初始化的元素自动初始化为 0）单向传递给形参 b，形参 b 的改变不会影响实参 $a[1]$，答案选 A。

9. 函数 f 定义如下，执行语句 "m=f(5);" 后，m 的值应为（　　）。

```
int f(int k) {
    if(k==0 || k==1) return 1;
    else return f(k-1)+f(k-2);
}
```

  A. 3　　　　　　　B. 8　　　　　　　C. 5　　　　　　　D. 13

解析：

  f 函数是一个递归函数，可画出递归调用图，如图 5-1 所示（其中，每个 "=" 号后的数值是函数调用结束返回时得到的函数返回值），从而得到结果 8，答案选 B。

  实际上，f 函数是求斐波那契数列 1 1 2 3 5 8 13 21……的第 $k+1$ 项，函数调用 f(5) 得到该数列的第 6 项（因函数定义中 k 等于 0 或 1 时返回 1，实参为 5 时是第 6 项），即得到结果也为 8。

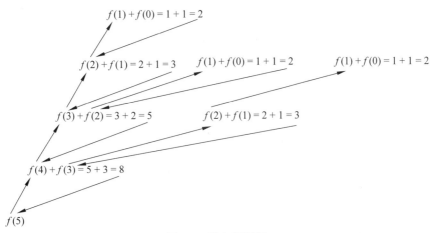

图 5-1　递归调用图

10. 递归函数的两个要素是（　　）。
  A. 函数头、函数体　　　　　　　B. 递归出口、边界条件
  C. 边界条件、递归方程　　　　　D. 递归表达式、递归方程

解析：

  递归函数的两个要素是递归出口（边界条件）和递归方程（递归表达式），答案选 C。

11. 若使用一维数组名作函数实参，则以下说法正确的是（　　）。
  A. 必须在主调函数中说明此数组的大小
  B. 实参数组类型与形参数组类型可以不匹配
  C. 在被调用函数中，不需要考虑形参数组的大小
  D. 实参数组名与形参数组名必须一致

解析：

  若使用一维数组名作函数实参，则须在主调函数中说明此数组的大小，答案选 A。实

参数组类型与形参数组类型应一致，选项 B 有误；在被调用函数的调用期间，形参数组与实参数组共占同一段存储单元，形参数组元素的下标应小于形参数组的大小，选项 C 有误；实参数组与形参数组可以同名，也可以不同名，选项 D 有误。

12. 函数定义如下。

```
void f(int b[]) { b[1]=9;}
```

实参数组及函数调用如下。

```
int a[5]={1};
f(a);
```

则以下输出语句的结果为（   ）。

```
//C++风格代码
cout<<a[1]<<endl;
//C 风格代码
printf("%d\n",a[1]);
```

  A. 0   B. 1   C. 9   D. 以上都不对

解析：

f 函数以数组 b 作形参，调用时将实参数组 a 的地址传递给形参 b，在 f 函数的调用期间，形参数组 b 与实参数组 a 共占同一段存储单元，对形参数组 b 中元素的改变就是对实参数组 a 中元素的改变，故将 $b[1]$ 改为 9 也就是将 $a[1]$（初值为 0）改为 9，答案选 C。

13. 关于数组名作为函数参数的说法错误的是（   ）。
  A. 参数传递时，实参数组的首地址传递给形参数组
  B. 在函数调用期间，形参数组的改变就是实参数组的改变
  C. 通过数组名作为函数参数，可以达到返回多个值的目的
  D. 在函数调用期间，形参数组和实参数组对应的是不同的数组

解析：

函数调用进行参数传递时，将实参数组的首地址传递给形参数组；在函数调用期间，形参数组和实参数组同占一段存储单元，即形参数组和实参数组是同一个数组，对形参数组的改变就是实参数组的改变。因对形参数组的多个元素进行改变时实参数组相应的多个元素也同时改变，故可通过使用数组名作为函数参数达到返回多个值的目的。综上，答案选 D。

14. 数组名作为实参时，传递给形参的是（   ）。
  A. 数组的首地址   B. 第一个元素的值
  C. 数组中全部元素的值   D. 数组元素的个数

解析：

对于数组名作为函数参数，参数传递时，将实参数组的首地址（第一个元素的地址）

传递给形参数组，故答案选 A。

15. 关于全局变量和局部变量的说法，正确的是（　　）。
    A. 全局变量必须在函数之外进行定义
    B. 若全局变量与局部变量同名，则默认为全局变量
    C. 全局变量的作用域为其所在的整个文件范围
    D. 全局变量也称外部变量，仅在函数外部有效，而在函数内部无效

解析：

全局变量是在所有函数之外定义的变量，答案选 A。若全局变量与局部变量同名，则根据就近原则确定使用的是全局变量还是局部变量，故选项 B 有误；全局变量的作用域是从其定义点开始到文件尾的范围，但通过 extern 声明可扩展全局变量的作用域，故选项 C 有误；全局变量也称外部变量，在无同名局部变量的函数中都有效，故选项 D 有误。

16. 以下程序的输出结果是（　　）。

```
//C++风格代码
int m;
void f(){
    int m=4;
    cout<<m<<" ";
}
int main(){
    f();
    cout<<m<<endl;
    return 0;
}
//C风格代码
int m;
void f(){
    int m=4;
    printf("%d ",m);
}
int main(){
    f();
    printf("%d\n",m);
    return 0;
}
```

　　A. 0 4　　　　　　B. 4 0　　　　　　C. 4 4　　　　　　D. 4 随机数

解析：

f 函数中定义了局部变量 m，根据就近原则，f 函数中使用的是局部变量 m（值为 4），main 函数使用的是外部变量 m（自动初始化为 0），故输出结果为 4 0，答案选 B。

17. "const int N=10;"定义了符号常量 N，以下功能相同的是（　　）。

A. `#define N=10;` B. `#define N 10;`
C. `#define N 10` D. `const int N=10`

解析：
定义符号常量 N，使其值为 10，可用 "const int N=10;"（有分号结束）或 "#define N 10"（无分号结束），答案选 C。

18. C/C++语言的编译预处理以#开始，其中不包括（　　）。
    A. 宏定义　　　B. 条件编译　　　C. 文件包含　　　D. 全局变量声明

解析：
C/C++语言的编译预处理以#开始，包括宏定义、文件包含和条件编译，答案选 D。

19. 函数原型为 "void f(int &i);"，变量定义为 "int n=100"，则下面调用正确的是（　　）。
    A. f(10)　　　B. f(10+n)　　　C. f(n)　　　D. f(&n)

解析：
f 函数中的形参 i 是引用参数，该参数是实参变量的别名，实参只能是同类型的变量，不能为常量或表达式，答案选 C。

20. 有函数定义 "void f(int &a) { a=3; }"，则以下代码的执行结果是（　　）。

```
int n=1;
f(n);
cout<<n<<endl;
```

A. 1　　　B. 3　　　C. 0　　　D. 不确定

解析：
f 函数中的形参 a 是引用参数，该参数是实参变量 n 的别名，在函数调用期间，对形参变量 a 的改变就是对实参变量 n 的改变，答案选 B。

5.2　编程题解析

1. 进制转换

将十进制整数 n（$-2^{31} < n < 2^{31}$）转换成 k（$2 \leq k \leq 16$）进制数。注意，10~15 分别用字母 A、B、C、D、E、F 表示。

输入格式：
首先输入一个正整数 T，表示测试数据的组数，然后是 T 组测试数据。每组测试数据输入两个整数 n 和 k。

输出格式：
对于每组测试，先输出 n，然后输出一个空格，最后输出对应的 k 进制数。

输入样例：

4
5 3
123 16
0 5
-12 2

输出样例：

5 12
123 7B
0 0
-12 -1100

解析：

十进制数转换为其他进制数的方法：除以基数逆序取余数至商为 0 为止。这里写一个函数 i2o 采用该方法实现将十进制正整数 n 转换为 k 进制数：当 n 大于 0 时循环处理，求得余数 n%k 并保存到结果数组 a 中，然后 n/=k；最后逆序输出 a 数组中的元素（若大于 9，则加上('A'-10)按字符形式输出）。

对于特殊值 0，可直接输出 0；对于负数，可先输出负号，再转换为正数调用 i2o 函数处理。

具体代码如下。

```cpp
//C++风格代码
#include<iostream>
using namespace std;
void i2o(int n,int k) {            //进制转换函数
    int i=0, a[31];                //转换为二进制时最长，不超过 31 位
    while(n>0) {                   //当 n>0 时循环
        a[i]=n%k;                  //保存余数到 a[i] 中
        n/=k;                      //求 n 除以 k 的商
        i++;
    }
    for(int j=i-1; j>=0; j--) {    //逆序输出
        if(a[j]>9) cout<<char(a[j]+('A'-10));
        else cout<<a[j];
    }
    cout<<endl;
}
int main() {
    int T,n,k;
    cin>>T;
    while(T--) {
        cin>>n>>k;
        cout<<n<<" ";
        if (n==0) {                //对于 0，直接输出
            cout<<0<<endl;
```

```cpp
                continue;
            }
            if(n<0) {                    //对于负数，先输出负号再转换为正数处理
                cout<<"-";
                n=-n;
            }
            i2o(n,k);
        }
        return 0;
    }

    //C风格代码
    #include <stdio.h>
    void i2o(int n,int k) {              //进制转换函数
        int i=0, j, a[31];               //转换为二进制时最长，不超过31位
        while(n>0) {                     //当n>0时循环
            a[i]=n%k;                    //保存余数到a[i]中
            n/=k;                        //求n除以k的商
            i++;
        }
        for(j=i-1; j>=0; j--) {          //逆序输出
            if(a[j]>9) printf("%c",a[j]+('A'-10));
            else printf("%d",a[j]);
        }
        printf("\n");
    }
    int main() {
        int T,k,n;
        scanf("%d",&T);
        while(T--) {
            scanf("%d%d",&n,&k);
            printf("%d ",n);
            if (n==0) {                  //对于0，直接输出
                printf("0\n");
                continue;
            }
            if (n<0) {                   //对于负数，先输出负号再转换为正数处理
                printf("-");
                n=-n;
            }
            i2o(n,k);
        }
        return 0;
    }
```

因 n 转换为二进制数时长度最大，且 $n<2^{31}$，故存放结果的数组长度定义为 31 即可。

2. 多个数的最小公倍数

两个自然数有相同的倍数称为它们的公倍数，其中最小的一个正整数称为它们两个的最小公倍数。当然，n 个数也可以有最小公倍数，例如：5，7，15 的最小公倍数是 105。

输入 n 个数，请计算它们的最小公倍数。

输入格式：

首先输入一个正整数 T，表示测试数据的组数，然后是 T 组测试数据。

每组测试先输入一个整数 $n(2 \leq n \leq 20)$，再输入 n 个正整数（属于[1，100000]范围内）。这里保证最终的结果小于 2^{31}。

输出格式：

对于每组测试，输出 n 个整数的最小公倍数。

输入样例：

```
2
3 5 7 15
5 1 2 4 3 5
```

输出样例：

```
105
60
```

解析：

两个数 m、n 的最小公倍数 l 可在求得 m、n 的最大公约数 g 的基础上得到，即 $l=m \times n/g$，但 $m \times n$ 可能产生溢出，故可改为 $l=m/g \times n$。因此，可先定义两个函数：求两个数的最大公约数函数 gcd，求两个数的最小公倍数函数 lcm，然后通过多次调用 lcm 函数求得多个数的最小公倍数。

考虑时间效率，可用欧几里得算法（辗转相除法）求两个整数 m、n 的最大公约数，其计算原理为 $\gcd(m, n) = \gcd(n, m\%n)$。

具体代码如下。

```cpp
//C++风格代码
#include <iostream>
using namespace std;
int gcd(int m, int n) {           //两个数的最大公约数函数
    return m%n==0 ? n : gcd(n, m%n);
}
int lcm(int m, int n) {           //两个数的最小公倍数函数
    return m/gcd(m,n)*n;
}
int main() {
    int T;
    cin>>T;
    while(T--) {
        int t, x, n;
```

```
            t=1;                    //任何数和1的最小公倍数还是其本身,故设t初值为1
            cin>>n;
            for(int i=0; i<n; i++){ //调用n次lcm函数,每次求两个数的最小公倍数
                cin>>x;
                t=lcm(t,x);
            }
            cout<<t<<endl;
        }
        return 0;
    }

    //C风格代码
    #include <stdio.h>
    int gcd(int m, int n) {            //两个数的最大公约数函数
        return m%n==0 ? n : gcd(n, m%n);
    }
    int lcm(int m, int n) {            //两个数的最小公倍数函数
        return m/gcd(m,n)*n;
    }
    int main() {
        int T, i, n, t, x;
        scanf("%d",&T);
        while(T--) {
            scanf("%d",&n);
            t=1;                       //任何数和1的最小公倍数还是其本身,故设t初值为1
            for(i=0; i<n; i++) {       //调用n次lcm函数,每次求两个数的最小公倍数
                scanf("%d",&x);
                t=lcm(t, x);
            }
            printf("%d\n",t);
        }
        return 0;
    }
```

3. 互质数

若两个正整数的最大公约数为1,则它们是互质数。要求编写递归函数判断两个整数是否互质数。

输入格式:

首先输入一个正整数 T,表示测试数据的组数,然后是 T 组测试数据。每组测试先输入 1 个整数 n($1 \leqslant n \leqslant 100$),表示有 n 行,再输入 n 行,每行有一对整数 a、b($0 < a, b < 10^9$)。

输出格式:

对于每组测试数据,输出有多少对互质数。

输入样例:

1
3

3 11
5 11
10 12

输出样例：

2

解析：

若两个正整数的最大公约数为 1，则它们是互质数。因此，可据此定义改写求两个数的最大公约数的递归函数 gcd，使之成为判断两个数是否互质数的递归函数 rp，即把原来在 gcd 函数中返回最大公约数，改为在 rp 函数中返回最大公约数是否等于 1 的判断。

具体代码如下。

```
//C++风格代码
#include<iostream>
using namespace std;
bool rp(int m, int n) {                    //判断两个数是否互质数的递归函数
    return m%n==0 ? n==1 : rp(n, m%n)==1;
}

int main() {
    int T;
    cin>>T;
    while(T--) {
        int t, cnt=0;                      //互质数计数器 cnt 清 0
        cin>>t;
        for(int i=0; i<t; i++) {
            int m, n;
            cin>>m>>n;
            if(rp(m, n)==true) cnt++;      //若两个数是互质数，则 cnt 增 1
        }
        cout<<cnt<<endl;
    }
    return 0;
}

//C风格代码
#include <stdio.h>
int rp(int m, int n) {                     //判断两个数是否互质数的递归函数
    return m%n==0 ? n==1 : rp(n, m%n)==1;
}
int main() {
    int T,i,m,n,t,cnt;
    scanf("%d",&T);
    while(T--) {
        scanf("%d",&t);
```

```
            cnt=0;                          //互质数计数器 cnt 清 0
            for(i=0; i<t; i++) {
                scanf("%d%d",&m,&n);
                if(rp(m, n)==1) cnt++;      //若两个数是互质数，则 cnt 增 1
            }
            printf("%d\n",cnt);
        }
        return 0;
    }
```

4. 素数的排位（ZJUTOJ 1341）

已知素数序列为 2，3，5，7，11，13，17，19，23，29，…，即第一个素数是 2，第二个素数是 3，第三个素数是 5……

那么，对于输入的一个任意整数 N，若是素数，能确定是第几个素数吗？若不是素数，则输出 0。

输入格式：

测试数据有多组，处理到文件尾。每组测试输入一个正整数 N（$1 \leq N \leq 1000000$）。

输出格式：

对于每组测试，输出占一行，如果输入的正整数 N 是素数，则输出其排位，否则输出 0。

输入样例：

13

输出样例：

6

解析：

基于筛选法的思想，开一个长度为 1000001 的整型数组 a，先将每个元素的初值置为 1，然后将 $a[1]$ 置为 0，再对循环变量 i 从 2～1000000 进行处理：若 $a[i]$ 等于 0 则表示 i 不是素数，不必后续操作；否则对素数 i 置 $a[i]$ 为 ++cnt（cnt 是素数排位计数器，初始值为 0），并以 i 为因子（为避免溢出，应满足 $i \leq 1000000/i$）将其倍数（不含本身）筛去（置对应元素值为 0）。

具体代码如下。

```
//C++风格代码
#include <iostream>
using namespace std;
const int N=1000000;
int a[N+1];                              //数组长度较大开在所有函数之外，a[i]为排位或置为 0
void init() {                            //确定排位的函数
    int i, cnt=0;                        //排位计数器 cnt 清 0
    for(i=1; i<=N; i++) a[i]=1;          //将 a[i]初值都置为 1，假设都是素数
    a[1]=0;                              //1 不是素数，将 1 筛去
    for(i=2; i<=N; i++) {                //从 2~1000000 进行循环
```

```
            if (a[i]==0) continue;     //若i已被筛去（不是素数），则结束本次循环
            a[i]=++cnt;                //素数i的排位置为cnt+1
            if (i>N/i) continue;       //若i>N/i，则非素数都已筛去，结束本次循环
            for(int j=i*i;j<=N;j+=i){  //将i的倍数从其平方开始逐个筛去
                a[j]=0;
            }
        }
    }
}
int main() {
    init();                            //调用init函数，一次性算好排位
    int n;
    while(cin>>n) {
        cout<<a[n]<<endl;              //直接从a数组中取得结果输出
    }
    return 0;
}

//C风格代码
#include <stdio.h>
#define N 1000000
int a[N+1];                            //数组长度较大开在所有函数之外,a[i]为排位或置为0
void init() {                          //确定排位的函数
    int i, j, cnt=0;                   //排位计数器cnt清0
    for(i=1; i<=N; i++) a[i]=1;        //将a[i]初值都置为1，假设都是素数
    a[1]=0;                            //1不是素数，将1筛去
    for(i=2; i<=N; i++) {              //从2~1000000进行循环
        if (a[i]==0) continue;         //若i已被筛去（不是素数），则结束本次循环
        a[i]=++cnt;                    //素数i的排位置为++cnt
        if (i>N/i) continue;           //若i>N/i，则非素数都已筛去，结束本次循环
        for(j=i*i; j<=N; j+=i){        //将i的倍数从其平方开始逐个筛去
            a[j]=0;
        }
    }
}
int main() {
    int n;
    init();                            //调用init函数，一次性算好排位
    while(~scanf("%d",&n)) {
        printf("%d\n",a[n]);           //直接从a数组中取得结果输出
    }
    return 0;
}
```

上述代码将筛选法和给素数排位结合起来，代码较简洁。也可将筛选法和确定素数排位分开来做，具体代码留给读者自行实现。

5. 最长的单词

输入一个字符串，将此字符串中最长的单词输出。要求至少使用一个自定义函数。

输入格式：

测试数据有多组，处理到文件尾。每组测试数据输入一个字符串（长度不超过 80）。

输出格式：

对于每组测试，输出字符串中的最长单词，若有多个长度相等的最长单词，输出最早出现的那个。这里规定，单词只能由大小写英文字母构成。

输入样例：

```
Keywords insert, two way insertion sort,
Abstract This paper discusses three method for two way insertion
```

输出样例：

```
insertion
discusses
```

解析：

定义一个 solve 函数，采用根据空格取单词的思想，在待处理的字符串 s 的最后添加一个空格。先置临时存放一个单词的字符串 t 和结果字符串 res 为空串，然后扫描字符串 s，若当前字符为英文字母，则作为当前单词的一部分连接到 t 之后；若是空格或标点符号，则表明当前单词已完整存放在 t 中，此时比较 t 和 res 的长度，若 t 更长则置 res 为 t，并置 t 为空串以便存放下一个单词；最后输出 res。

具体代码如下。

```cpp
//C++风格代码
#include<iostream>
#include<string>
using namespace std;
void solve(string s) {
    s=s+" ";                                //在 s 后添加一个空格
    string t="", res="";                    //临时单词串 t 和结果串 res 的初值置为空串
    for(int i=0; i<s.size(); i++) {         //扫描字符串 s
        if (s[i]>='A' && s[i]<='Z' || s[i]>='a' && s[i]<='z') {
            t=t+s[i];                       //若当前字符为字母，则连接在 t 之后
        }
        else {                              //若为非字母，则使 res 为 res、t 中的长者
            if (t.size()>res.size()) res=t;
            t="";                           //清空 t 以便存放下个单词
        }
    }
    cout<<res<<endl;
}
int main() {
    string s;
```

```
        while(getline(cin, s)) solve(s);
        return 0;
}

//C 风格代码
#include <stdio.h>
#include <string.h>
void solve(char s[]) {
        int i, n;
        char t[81]="", res[81]="";        //临时单词串 t 和结果串 res 的初值置为空串
        strcat(s," ");                     //在 s 后添加一个空格
        n=strlen(s);
        for(i=0; i<n; i++) {              //扫描字符串 s
            if (s[i]>='A' && s[i]<='Z' || s[i]>='a' && s[i]<='z') {
                strcat(t," ");
                t[strlen(t)-1]=s[i];       //若当前字符为字母,则连接在 t 之后
            }
            else {                         //若为非字母,则使 res 为 res、t 中的长者
                if (strlen(t)>strlen(res)) strcpy(res,t);
                strcpy(t,"");              //清空 t 以便存放下个单词
            }
        }
        puts(res);
}
int main() {
        char s[82];
        while(gets(s)) solve(s);
        return 0;
}
```

6. 按 1 的个数排序

对于给定若干由 0、1 构成的字符串（长度不超过 80），要求将它们按 1 的个数从小到大排序。若 1 的个数相同，则按字符串本身从小到大排序。要求至少使用一个自定义函数。

输入格式：

测试数据有多组，处理到文件尾。对于每组测试，首先输入一个整数 n（$1 \leqslant n \leqslant 100$），表示有 n 行，然后输入 n 行，每行包含一个由 0、1 构成的字符串。

输出格式：

对于每组测试，输出排序后的结果，每个字符串占一行。

输入样例：

3
10011111
00001101
1010101

输出样例：

00001101
1010101
10011111

解析：

定义三个函数：统计 1 的个数的函数 count1，比较两个字符串的比较函数 cmp，选择排序函数 mySort。在 cmp 函数中调用 count1 函数统计两个参数字符串 s 和 t 中 1 的个数，分别记为 cnt1 和 cnt2，若 cnt1 与 cnt2 相等，则返回 s 小于 t 的比较结果，否则返回 cnt1 小于 cnt2 的比较结果。mySort 函数共进行 $n-1$ 趟，每趟挑一个当前"最小"（按比较函数 cmp 指定规则确定）的字符串放到当前的最前位置。

具体代码如下。

```cpp
//C++风格代码
#include <iostream>
#include <string>
using namespace std;
const int N=100;
int count1(string s) {                       //统计1的个数的函数
    int total=0;
    for(int i=0; i<s.size(); i++) {
        if (s[i]=='1') total++;
    }
    return total;
}
bool cmp(string s, string t) {               //比较函数
    int cnt1=count1(s),cnt2=count1(t);       //调用count1函数统计s、t中1的个数
    if (cnt1==cnt2)                          //若1的个数相等，则按字符串本身小者优先
        return s<t;
    else
        return cnt1<cnt2;                    //若1的个数不等，则按1的个数小者优先
}
void mySort(string s[], int n) {             //选择排序函数
    for(int i=0; i<n-1; i++) {
        int k=i;
        for(int j=i+1; j<n; j++) {
            if (cmp(s[k], s[j])==false) k=j;//调用比较函数对s[k], s[j]进行比较
        }
        if (k!=i) swap(s[k], s[i]);
    }
}
int main() {
    int n;
    while(cin>>n) {
        string s[N];
```

```cpp
        for(int i=0;i<n;i++) {            //输入
            cin>>s[i];
        }
        mySort(s,n);                       //调用mySort函数实现排序要求
        for(int j=0; j<n; j++) {          //输出
            cout<<s[j]<<endl;
        }
    }
    return 0;
}

//C风格代码
#include <stdio.h>
#include <string.h>
#define N 100
int count1(char s[]) {                    //统计1的个数的函数
    int i, n=strlen(s), total=0;
    for(i=0; i<n; i++) {
        if (s[i]=='1') total++;
    }
    return total;
}
int cmp(char s[], char t[]) {             //比较函数
    int cnt1=count1(s), cnt2=count1(t);   //调用count1函数统计s、t中1的个数
    if (cnt1==cnt2)                        //若1的个数相等,则按字符串本身小者优先
        return strcmp(s,t)<0;
    else
        return cnt1<cnt2;                 //若1的个数不等,则按1的个数小者优先
}
void mySort(char s[][81], int n) {        //选择排序函数
    int i, j, k;
    char t[81];
    for(i=0; i<n-1; i++) {
        k=i;
        for(j=i+1; j<n; j++) {
            if (cmp(s[k],s[j])==0) k=j;   //调用比较函数对s[k], s[j]进行比较
        }
        if (k!=i) {
            strcpy(t,s[i]);
            strcpy(s[i],s[k]);
            strcpy(s[k],t);
        }
    }
}
int main() {
    char s[N][81];
    int i, j, n;
```

```
        while(~scanf("%d",&n)) {
            for(i=0; i<n; i++) {              //输入
                scanf("%s",s[i]);
            }
            mySort(s,n);                       //调用mySort函数实现排序要求
            for(j=0; j<n; j++) {              //输出
                puts(s[j]);
            }
        }
        return 0;
    }
```

上述代码中，C++风格代码中可不定义函数mySort，直接调用系统函数sort实现排序，该函数的头文件是algorithm，调用形式为"sort(s, s+n, cmp);"表示按比较函数cmp指定的规则对地址左闭右开区间[s, $s+n$)对应的数组元素$s[0]$~$s[n-1]$进行排序。

7. 按日期排序（ZJUTOJ 1045）

输入若干日期，按日期从小到大排序。

输入格式：

本题只有一组测试数据，且日期总数不超过100个。按MM/DD/YYYY（月/日/年，其中月、日各2位，年4位）的格式逐行输入若干日期。

输出格式：

按MM/DD/YYYY的格式输出从小到大排序的各个日期，每个日期占一行。

输入样例：

12/31/2005
10/21/2003
02/12/2004
11/12/1999
10/22/2003
11/30/2005

输出样例：

11/12/1999
10/21/2003
10/22/2003
02/12/2004
11/30/2005
12/31/2005

解析：

输入的日期是"月/日/年"的形式，因月、日固定为2位，年固定为4位，故将日期转换为"年/月/日"形式直接比较。

定义比较函数cmp指定比较规则。C++风格代码直接调用系统函数sort实现排序，比较函数cmp中直接改变string类型的形参（不会影响实参）后再直接比较；C风格代码定义

并调用自定义函数 mySort(在该函数中调用比较函数 cmp 进行元素之间的比较)实现排序，另外定义一个 change 函数将"月/日/年"形式的日期转换为"年/月/日"形式的日期存放到另一个字符数组(因字符数组作形参时，形参的改变会影响实参，而本题输出的是原日期，故表示原日期的字符数组不能被改变)，在比较函数 cmp 中先调用 change 得到"年/月/日"形式的日期，再返回调用系统函数 strcmp 进行比较的结果。

具体代码如下。

```cpp
//C++风格代码
#include <iostream>
#include <string>
#include <algorithm>
using namespace std;
const int N=100;
bool cmp(string a, string b){   //比较函数，将日期转换为"年/月/日"形式后直接比较
    a=a.substr(6)+"/"+a.substr(0,5);
    b=b.substr(6)+"/"+b.substr(0,5);
    return a<b;
}
int main() {
    string a[N], t;
    int n=0;                    //n 为日期总数，初值为 0
    while(cin>>t) {             //输入所有日期，处理到文件尾
        a[n]=t;
        n++;
    }
    sort(a, a+n, cmp);          //按比较函数 cmp 指定规则进行排序
    for(int i=0; i<n; i++) {    //输出
        cout<<a[i]<<endl;
    }
    return 0;
}

//C 风格代码
#include <stdio.h>
#include <string.h>
#define N 100
void change(char s[],char t[]){//将日期 s 改为"年/月/日"形式存放在 t 中
    int i;
    for(i=6;s[i]!='\0';i++) t[i-6]=s[i];
    for(i=0;i<5;i++) t[i+4]=s[i];
    t[9]='\0';
}
int cmp(char s[], char t[]) {   //比较函数
    char a[11], b[11];
    change(s,a);                //调用 change 函数将日期 s 改为"年/月/日"形式的 a
    change(t,b);                //调用 change 函数将日期 t 改为"年/月/日"形式的 b
```

```
            return strcmp(a,b)<0;              //返回日期a、b的比较结果
    }
    void mySort(char s[][11], int n) {         //字符串数组的选择排序函数
        int i, j, k;
        char t[11];
        for(i=0; i<n-1; i++) {
            k=i;
            for(j=i+1; j<n; j++) {
                if (cmp(s[k],s[j])==0)          //按比较函数cmp指定规则进行比较
                    k=j;
            }
            if (k!=i) {
                strcpy(t,s[i]);
                strcpy(s[i],s[k]);
                strcpy(s[k],t);
            }
        }
    }
    int main() {
        char s[N][11], t[11];
        int i, n=0;                             //n为日期总数，初值为0
        while(~scanf("%s", t)) {                //输入所有日期，处理到文件尾
            strcpy(s[n], t);
            n++;
        }
        mySort(s, n);                           //调用自定义选择排序函数实现排序
        for(i=0; i<n; i++) {                    //输出
            puts(s[i]);
        }
        return 0;
    }
```

本题可采用其他思路和方法实现，请读者自行思考并编程实现。

8. 旋转方阵

对于一个奇数 n 阶方阵，请给出经过顺时针方向 m 次旋转（每次旋转 90º）后的结果。

输入格式：

测试数据有多组，处理到文件尾。每组测试的第一行输入 2 个整数 n，m（$1<n<20$，$1\leq m\leq 100$），接下来输入 n 行数据，每行 n 个整数。

输出格式：

对于每组测试，输出奇数阶方阵经过 m 次顺时针方向旋转后的结果。每行中各数据之间留一个空格。

输入样例：

```
3 2
4 9 2
```

3 5 7
8 1 6

输出样例：

6 1 8
7 5 3
2 9 4

解析：

对于样例方阵，写出顺时针旋转一次的结果，发现一次顺时针旋转可以这样处理：先转置，即行列互换，以主对角线为界交换对称位置上的元素；再左右互换，即以列中位线为界交换左右对称位置上的元素。对于样例，第一次转置后得到：

4 3 8
9 5 1
2 7 6

第一次左右互换后得到（顺时针旋转 1 次的结果）：

8 3 4
1 5 9
6 7 2

第二次转置后得到：

8 1 6
3 5 7
4 9 2

第二次左右互换后得到（顺时针旋转 2 次的结果）：

6 1 8
7 5 3
2 9 4

因此，可编写一个函数 mySwap 实现一次旋转处理。显然，一个方阵旋转 4 次后转回原样，故 m 次旋转可转换为 $m\%4$ 次旋转，每次旋转调用一次旋转处理的 mySwap 函数。具体代码如下。

```cpp
//C++风格代码
#include <iostream>
using namespace std;
const int N=19;
void prt(int a[N][N],int n) {           //输出函数
    for(int i=0; i<n; i++) {
        for(int j=0; j<n; j++) {
            if (j>0) cout<<" ";
            cout<<a[i][j];
        }
```

```cpp
            cout<<endl;
        }
    }
    void mySwap(int a[N][N],int n) {              //处理一次旋转
        for(int i=0; i<n; i++) {                  //转置，以主对角线为界交换对称位置上的元素
            for(int j=i+1; j<n; j++) {
                swap(a[i][j], a[j][i]);
            }
        }
        for(int i=0; i<n; i++) {                  //以列中位线为界交换对称位置上的元素
            for(int j=0; j<n/2; j++) {
                swap(a[i][j], a[i][n-1-j]);
            }
        }
    }
    void solve(int a[N][N],int n,int m) {         //处理m次旋转
        int cnt=m%4;                              //转4次即转回原样，故转m次即转m%4次
        for(int i=0; i<cnt; i++) {
            mySwap(a,n);                          //调用处理一次旋转的函数mySwap
        }
    }
    bool run() {                                  //一组测试数据的处理函数
        int n,m;
        if (!(cin>>n>>m)) return false;
        int a[N][N];
        for(int i=0; i<n; i++) {
            for(int j=0; j<n; j++) cin>>a[i][j];
        }
        solve(a,n,m);
        prt(a,n);
        return true;
    }

    int main() {
        while(run());
        return 0;
    }

    //C风格代码
    #include <stdio.h>
    #define N 19
    void prt(int a[N][N],int n) {                 //输出函数
        int i, j;
        for(i=0; i<n; i++) {
            for(j=0; j<n; j++) {
                if (j>0) printf(" ");
                printf("%d",a[i][j]);
```

```
            }
            printf("\n");
        }
    }
    void mySwap(int a[N][N],int n) {          //处理一次旋转
        int i,j,t;
        for(i=0; i<n; i++) {                  //转置,以主对角线为界交换对称位置上的元素
            for(j=i+1; j<n; j++) {
                t=a[i][j];
                a[i][j]=a[j][i];
                a[j][i]=t;
            }
        }
        for(i=0; i<n; i++) {                  //以列中位线为界交换对称位置上的元素
            for(j=0; j<n/2; j++) {
                t=a[i][j];
                a[i][j]=a[i][n-1-j];
                a[i][n-1-j]=t;
            }
        }
    }
    void solve(int a[N][N],int n,int m) {     //处理m次旋转
        int cnt=m%4;                          //转4次即转回原样,故转m次即转m%4次
        int i;
        for(i=0; i<cnt; i++) {
            mySwap(a,n);                      //调用处理一次旋转的函数mySwap
        }
    }
    int main() {
        int a[N][N],i,j,m,n;
        while(~scanf("%d%d",&n,&m)) {
            for(i=0; i<n; i++) {
                for(j=0; j<n; j++) scanf("%d",&a[i][j]);
            }
            solve(a,n,m);
            prt(a,n);
        }
        return 0;
    }
```

若要求逆时针方向旋转,则稍微修改上述 mySwap 函数即可,具体代码请读者自行实现。本题还有其他解法,请读者自行思考并编程实现。

9. 求矩阵中的逆鞍点

求出 $n×m$ 二维整数数组中的所有逆鞍点。这里的逆鞍点指在其所在的行上最大,在其所在的列上最小的元素。若存在逆鞍点,则输出所有逆鞍点的值及其对应的行、列下标。若不存在逆鞍点,则输出 Not。要求至少使用一个自定义函数。

输入格式：

测试数据有多组，处理到文件尾。每组测试的第一行输入 n 和 m（都不大于 100），第二行开始的 n 行每行输入 m 个整数。

输出格式：

对于每组测试，若存在逆鞍点，则按行号从小到大、同一行内按列号从小到大的顺序输出每个逆鞍点的值和对应的行、列下标，每两个数据之间一个空格；若不存在逆鞍点，则输出 Not。

输入样例：

3 3
97 66 96
85 36 35
88 67 91

输出样例：

85 1 0

解析：

依题意，逆鞍点是行中最大且列中最小的元素。题目要求输出所有逆鞍点的值和对应的行、列下标。因此，可扫描整个二维数组，对每个数组元素检查是否满足"行中最大且列中最小"的条件，若满足，则是一个逆鞍点，输出其值及对应的行、列下标。对于是否存在逆鞍点的判断，可借助逆鞍点个数计数器变量 cnt，一开始 cnt 初值置为 0，找到逆鞍点时将其值增 1；或借助标记变量 flag，一开始 flag 初值置为 false（或 0），找到逆鞍点时将其更改为 true（或 1）。

具体代码如下。

```cpp
//C++风格代码
#include <iostream>
using namespace std;
const int N=10;
int a[N][N];
void solve(int m, int n) {          //求解函数
    int i, j, k;
    bool flag=false;                //flag 是标记变量,置初值为 false 表示暂无逆鞍点
    for(i=0; i<m; i++) {            //对矩阵中的每个元素检查是否行中最大且列中最小
        for(j=0; j<n; j++) {
            bool f=true;            //标记变量 f 置初值 true,设 a[i][j]是逆鞍点
            for(k=0;k<n&&f;k++){    //若 a[i][j]不是行中最大,则置 f 为 false,结束循环
                if (a[i][k]>a[i][j]) f=false;
            }
            for(k=0;k<m&&f;k++){    //若 a[i][j]不是列中最小则置 f 为 false,结束循环
                if (a[k][j]<a[i][j]) f=false;
            }
            if (f==true) {
```

```cpp
                flag=true;              //存在逆鞍点，置 flag 为 true
                cout<<a[i][j]<<" "<<i<<" "<<j<<endl;
            }
        }
    }
    if (flag==false)                    //若 flag 为 false，则不存在逆鞍点
        cout<<"Not\n";
}
int main() {
    int m, n;
    while(cin>>m>>n) {
        for(int i=0; i<m; i++) {
            for(int j=0; j<n; j++) {
                cin>>a[i][j];
            }
        }
        solve(m,n);
    }
    return 0;
}
```

//C 风格代码
```c
#include <stdio.h>
#define N 10
int a[N][N];
void solve(int m, int n) {              //求解函数
    int i, j, k, f, flag;
    flag=0;                             //标记变量 flag 置初值 0 表示暂无逆鞍点
    for(i=0; i<m; i++) {                //对矩阵中的每个元素检查是否行中最大且列中最小
        for(j=0; j<n; j++) {
            f=1;                        //标记变量 f 置初值 1，设 a[i][j]是逆鞍点
            for(k=0; k<n&&f; k++){      //若 a[i][j]不是行中最大，则置 f 为 0，结束循环
                if (a[i][k]>a[i][j]) f=0;
            }
            for(k=0; k<m&&f; k++) {     //若 a[i][j]不是列中最小，则置 f 为 0，结束循环
                if (a[k][j]<a[i][j]) f=0;
            }
            if (f==1) {
                flag=1;                 //存在逆鞍点，置 flag 为 1
                printf("%d %d %d\n",a[i][j],i,j);
            }
        }
    }
    if (flag==0)                        //若 flag 为 0，则不存在逆鞍点
        printf("Not\n");
}
int main() {
```

```
        int i, j, m, n;
        while(~scanf("%d%d",&m,&n)) {
            for(i=0; i<m; i++) {
                for(j=0; j<n; j++) {
                    scanf("%d",&a[i][j]);
                }
            }
            solve(m,n);
        }
        return 0;
}
```

本题是否还有其他解法？若有，如何实现？请读者自行思考并编程实现。

10. 数字螺旋方阵

已知 $n=5$ 时的螺旋方阵如输出样例所示。输入一个正整数 n，要求输出 $n×n$ 个数字构成的螺旋方阵。要求至少使用一个自定义函数。

输入格式：

首先输入一个正整数 T，表示测试数据的组数，然后是 T 组测试数据。每组测试输入一个正整数 n（$n≤20$）。

输出格式：

对于每组测试，输出 $n×n$ 的数字螺旋方阵。各行中的每个数据按 4 位宽度输出。

输入样例：

```
1
5
```

输出样例：

```
  25  24  23  22  21
  10   9   8   7  20
  11   2   1   6  19
  12   3   4   5  18
  13  14  15  16  17
```

解析：

观察 n 阶螺旋方阵，可发现规律：从第一行第一列开始，按先往右、然后往下、再往左、最后往上这样四个方向填 n^2 至 1。

方便起见，开始时将二维数组清 0，若填到某个位置发现数组元素值为 0，则往该位置填相应数字。四个方向的控制，可通过行、列下标 i、j 的变化实现，如往右走，则行下标 i 不变、列下标 j 依次增 1。注意，每走完一个方向，需更换方向，也是通过行列下标 i、j 的改变来控制的。

具体代码如下。

//C++风格代码

```cpp
#include <iostream>
#include <iomanip>
using namespace std;
const int N=20;
int a[N][N];
void init(int n) {                           //求解函数
    fill(&a[0][0],&a[n-1][n-1]+1,0);         //将二维数组 a 清 0
    int val=n*n, i=0, j=0;                   //设置待填数 val 和起始行列下标 i、j 的初值
    while(val>0) {                           //当还没填完时循环
        while(j<n&&a[i][j]==0) {             //往右填写
            a[i][j]=val--;
            j++;
        }
        i++;                                 //行下标 i 移到下一行
        j--;                                 //列下标 j 回到当前尚未填写的最后一列
        while(i<n&&a[i][j]==0) {             //往下填写
            a[i][j]=val--;
            i++;
        }
        i--;                                 //行下标 i 回到当前尚未填写的最后一行
        j--;                                 //列下标 j 移到前一列
        while(j>=0&&a[i][j]==0) {            //往左填写
            a[i][j]=val--;
            j--;
        }
        i--;                                 //行下标 i 移到上一行
        j++;                                 //列下标 j 回到当前尚未填写的第一列
        while(i>=0&&a[i][j]==0) {            //往上填写
            a[i][j]=val--;
            i--;
        }
        i++;                                 //行下标 i 回到当前尚未填写的第一行
        j++;                                 //列下标 j 移到后一列
    }
}
void prt(int n) {                            //输出函数
    for(int i=0; i<n; i++) {
        for(int j=0; j<n; j++) {
            cout<<setw(4)<<a[i][j];
        }
        cout<<endl;
    }
}
void run() {                                 //处理一组测试的函数
    int n;
    cin>>n;
    init(n);
```

```
        prt(n);
    }
    int main() {
        int n;
        cin>>n;
        for(int i=0; i<n; i++) run();
        return 0;
    }

    //C风格代码
    #include <stdio.h>
    #include <string.h>
    #define N 20
    int a[N][N];
    void init(int n) {                              //求解函数
        memset(a,0,sizeof(a));                      //将二维数组a清0
        int val=n*n, i=0, j=0;                      //设置待填数val和起始行列下标i、j的初值
        while(val>0) {                              //当还没填完时循环
            while(j<n&&a[i][j]==0) {                //往右填写
                a[i][j]=val--;
                j++;
            }
            i++;                                    //行下标i移到下一行
            j--;                                    //列下标j回到当前尚未填写的最后一列
            while(i<n&&a[i][j]==0) {                //往下填写
                a[i][j]=val--;
                i++;
            }
            i--;                                    //行下标i回到当前尚未填写的最后一行
            j--;                                    //列下标j移到前一列
            while(j>=0&&a[i][j]==0) {               //往左填写
                a[i][j]=val--;
                j--;
            }
            i--;                                    //行下标i移到上一行
            j++;                                    //列下标j回到当前尚未填写的第一列
            while(i>=0&&a[i][j]==0) {               //往上填写
                a[i][j]=val--;
                i--;
            }
            i++;                                    //行下标i回到当前尚未填写的第一行
            j++;                                    //列下标j移到后一列
        }
    }
    void prt(int n) {                               //输出函数
        int i, j;
        for(i=0; i<n; i++) {
```

```
        for(j=0; j<n; j++) {
            printf("%4d",a[i][j]);
        }
        printf("\n");
    }
}
void run() {                          //处理一组测试的函数
    int n;
    scanf("%d",&n);
    init(n);
    prt(n);
}
int main() {
    int T;
    scanf("%d",&T);
    while(T--) run();
    return 0;
}
```

本题是否还有解法？请读者自行思考并尝试编程求解。

结构体习题解析

6.1 选择题解析

1. 结构体类型声明如下,设每个 int 类型数据占 4 字节,则 s 占用的内存字节数是(　　)。

```
struct Stu{
    int score[50];
    float average;
}s;
```

  A. 104　　　　　B. 204　　　　　C. 208　　　　　D. 108

解析:
结构体变量 s 中的成员 score 数组长度为 50,每个元素占 4 字节,score 数组成员共占 200 字节,成员 average 占 4 字节,故 s 变量的内存字节数为 200+4=204,答案选 B。

2. 结构体类型声明如下,sizeof(a)的结果为(　　)。

```
struct A{
    double x;
    float f;
}a[3];
```

  A. 36　　　　　B. 24　　　　　C. 12　　　　　D. 48

解析:
double 类型占 8 字节,float 类型占 4 字节,理论上结构体类型 A 占 12 字节,但若考虑内存字节对齐,则结构体类型 A 的内存字节总数应为 8 的倍数,而 12 不是 8 的倍数,故需填充 4 字节,即结构体类型 A 实际占 16 字节,故长度为 3 的 A 类型数组 a 共占 16×3=48 字节,答案选 D。

3. 以下程序的输出结果是(　　)。

```
struct Stu {
    int num;
    char name[10];
} x[5]= {1,"Iris",2,"Jack",3,"John",4,"Mary",5,"Tom"};
```

```
int main() {
    for (int i=3; i<5; i++) printf("%d%c",x[i].num,x[i].name[0]);
    return 0;
}
```

  A. 3J4M5T   B. 4M5T   C. 3J4M   D. 1I2J3J

解析：

  长度为 5 的结构体数组 *x* 整体初始化后，for 循环输出 *x*[3]、*x*[4]的 num 值和 name 中的首字母，*x*[3].num 为 4、*x*[3].name[0]为'M'、*x*[4].num 为 5、*x*[4].name[0]为'T'，答案选 B。

4. 以下程序的输出结果是（ ）。

```
struct Date {
    int year;
    int month;
};
struct Stu {
    Date birth;
    char city[20];
} x[4]= {{2010,4,"Hangzhou"},{2009,7,"Shaoxing"}};
int main() {
    printf("%c,%d\n",x[1].city[1],x[1].birth.year);
    return 0;
}
```

  A. a,2010   B. H,2010   C. S,2009   D. h,2009

解析：

  结构体数组 *x* 部分初始化了前 2 个元素，*x*[1].city 为"Shaoxing"、*x*[1].birth.year 为 2009，*x*[1].city[1]为字符'h'，答案选 D。

5. 根据下面的结构体数组定义，能输出 Mary 的语句是（ ）。

```
struct Stu{
    char name[9];
    int age;
} p[5]={"John",18,"Iris",19,"Mary",17,"Jack",16};
```

  A. printf("%s\n",p[1].name);   B. printf("%s\n",p[3].name);
  C. printf("%s\n",p[2].name);   D. printf("%s\n",p[0].name);

解析：

  "Mary"是 *p*[2].name 的初始值，答案选 C。选项 A、B、D 分别输出 Iris、Jack、John。

6. 以下程序的输出结果是（ ）。

```
struct XY{
```

```
    int x;
    int y;
}s[2]={5, 3, 2, 6};
int main(){
    printf("%d\n",s[0].y*s[1].y);
    return 0;
}
```

  A. 30   B. 6   C. 10   D. 18

解析：

结构体数组元素 $s[0]$ 和 $s[1]$ 的 x、y 成员分别初始化为 5、3 和 2、6，故有 s[0].y*s[1].y=3*6=18，答案选 D。

7. 以下程序的输出结果是（ ）。

```
struct XY{
    int x;
    int y;
}s[10]={5, 3, 2};
int main(){
    printf("%d\n",s[1].x*s[1].y);
    return 0;
}
```

  A. 15   B. 6   C. 0   D. 不确定

解析：

长度为 10 的结构体数组 s 仅部分初始化了第 1 个元素的 x、y 成员和第 2 个元素的 x 成员，则第 2 个元素的 y 成员及其他元素的 x、y 成员值都自动初始化为 0。故有 s[1].x*s[1].y=2*0=0，答案选 C。

8. 以下代码段的输出结果是（ ）。

```
struct Stu{
    char name[9];
    int age;
} p[5]={"John",18,"Iris",19,"Mary",17,"Jack",16};
for(int i=0;i<4;i++) p[4].age+=p[i].age;
p[4].age/=4;
printf("%d\n",p[4].age);
```

  A. 18   B. 17   C. 16   D. 不确定

解析：

长度为 5 的结构体数组 p 仅部分初始化了前 4 个元素，第 5 个元素 $p[4]$ 的 age 成员自动初始化为 0，for 循环将前 4 个元素的 age 值累加到 $p[4]$.age 中得到 70，再将 $p[4]$.age 除以 4 得到 17，答案选 B。

6.2 编程题解析

1. 结构体操作

有 n 个学生，每个学生的数据包括学号、姓名、3 门课的成绩，从键盘输入 n 个学生数据，要求打印出 3 门课总平均成绩，以及最高总分的学生数据（包括学号、姓名、3 门课的成绩、平均分数）。要求编写 input 函数输入 n 个学生数据；编写 avgScore 函数求总平均分；编写 maxScore 函数找出最高总分的学生数据；总平均分和最高总分学生的数据都在主函数中输出，平均分、总平均分的结果保留 2 位小数。

输入格式：

首先输入一个正整数 T，表示测试数据的组数，然后是 T 组测试数据。

每组测试数据首先输入一个正整数 n（$1 \leq n \leq 100$），表示学生的个数；然后是 n 行信息，分别表示学生的学号、姓名（长度都不超过 10 的字符串）和 3 门课成绩（正整数）。

输出格式：

对于每组测试，输出两行，第一行为总平均分；第二行为最高总分学生的学号、姓名、3 门课成绩、平均分，每两个数据之间留一个空格。

输入样例：

```
1
5
1501 Zhangsan 80 75 65
1502 Lisi 78 77 56
1503 Wangwu 87 86 95
1504 Lisi 78 77 56
1505 Wangwu 88 86 95
```

输出样例：

```
78.60
1505 Wangwu 88 86 95 89.67
```

解析：

设计结构体类型 Student，包括学号 num、姓名 name、成绩数组 sc 和平均分 avg 等成员。

依题意定义输入函数 input、求总平均分的 avgScore 函数、求最高总分的 maxScore 函数和输出一个学生信息的 print 函数。因每个学生的课程门数相同，最高总分的学生即平均分最高的学生。方便起见，在输入一个学生信息时就将其平均分计算出来存放在 avg 域中。

具体代码如下。

```
//C++风格代码
#include <iostream>
#include <string>
using namespace std;
const int N=100;
```

```cpp
        struct Student {                            //结构体类型
            string num;                             //学号域 num
            string name;                            //姓名域 name
            double sc[3];                           //成绩数组域 sc
            double avg;                             //平均分域
        };
        int main() {
            void input(Student stu[],int n);
            double avgScore(Student stu[],int n);
            Student maxScore(Student stu[],int n);
            void print(Student stu);
            int T, n;
            Student stu[N];
            cin>>T;
            while(T--) {
                cin>>n;
                input(stu,n);                       //输入学生信息
                printf("%.2lf\n",avgScore(stu,n));  //输出总平均分,保留两位小数
                print(maxScore(stu,n));             //输出最高总分学生信息
            }
            return 0;
        }
        void input(Student stu[],int n) {       //输入 n 个学生的信息,并求每个学生的平均分
            for(int i=0; i<n; i++) {
                cin>>stu[i].num>>stu[i].name>>stu[i].sc[0]
                        >>stu[i].sc[1]>>stu[i].sc[2];
                stu[i].avg=(stu[i].sc[0]+stu[i].sc[1]+stu[i].sc[2])/3.00;
            }
        }
        double avgScore(Student stu[],int n) {      //求总平均分
            double total=0;
            for(int i=0; i<n; i++) {
                total=total+stu[i].avg;
            }
            return total/n;
        }
        Student maxScore(Student stu[],int n) {     //求最高总分学生信息
            int m=0;
            for(int i=1; i<n; i++) {
                if(stu[i].avg>stu[m].avg) m=i;
            }
            return stu[m];
        }
        void print(Student stud) {                  //输出一个学生的信息
            printf("%s %s %2.1f %2.1f %2.1f %.2lf\n",
                            stud.num.c_str(),stud.name.c_str(),
                            stud.sc[0],stud.sc[1],stud.sc[2],stud.avg);
```

}

//C风格代码
```c
#include<stdio.h>
#define N 100
struct Student {                              //结构体类型
    char num[11];                             //学号域 num
    char name[11];                            //姓名域 name
    double sc[3];                             //成绩数组域 sc
    double avg;                               //平均分域
};
int main() {
    void input(struct Student stu[],int n);
    double avgScore(struct Student stu[],int n);
    struct Student maxScore(struct Student stu[],int n);
    void print(struct Student stu);
    int T,n;
    struct Student stu[N];
    scanf("%d",&T);
    while(T--) {
        scanf("%d",&n);
        input(stu,n);                         //输入学生信息
        printf("%.2lf\n",avgScore(stu,n));    //输出总平均分,保留两位小数
        print(maxScore(stu,n));               //输出最高总分学生信息
    }
    return 0;
}
void input(struct Student stu[],int n){//输入n个学生的信息,并求每个学生的平均分
    int i;
    for(i=0; i<n; i++) {
        scanf("%s %s %lf %lf %lf",stu[i].num,stu[i].name,
              &stu[i].sc[0],&stu[i].sc[1],&stu[i].sc[2]);
        stu[i].avg=(stu[i].sc[0]+stu[i].sc[1]+stu[i].sc[2])/3.00;
    }
}
//求总平均分
double avgScore(struct Student stu[],int n) {
    double total=0;
    int i;
    for(i=0; i<n; i++) {
        total=total+stu[i].avg;
    }
    return total/n;
}
//求最高总分学生信息
struct Student maxScore(struct Student stu[],int n) {
    int i,m=0;
```

```
    for(i=1; i<n; i++) {
        if(stu[i].avg>stu[m].avg) m=i;
    }
    return stu[m];
}
void print(struct Student stud) {            //输出一个学生的信息
    printf("%s %s %2.1f %2.1f %2.1f %.2lf\n",stud.num,stud.name,
            stud.sc[0],stud.sc[1],stud.sc[2],stud.avg);
}
```

2. 获奖

在某次竞赛中，判题规则是按解题数从多到少排序，在解题数相同的情况下，按总成绩（保证各不相同）从高到低排序，取排名前 60% 的参赛队（四舍五入取整）获奖，请确定某个队能否获奖。

输入格式：

首先输入一个正整数 T，表示测试数据的组数，然后是 T 组测试数据。每组测试的第一行输入 1 个整数 n（$1 \leq n \leq 15$）和 1 个字符串 ms（长度小于 10 且不含空格），分别表示参赛队伍总数和想确定是否能获奖的某个队名；接下来的 n 行输入 n 个队的解题信息，每行 1 个字符串 s（长度小于 10 且不含空格）和 2 个整数 m、g（$0 \leq m \leq 10, 0 \leq g \leq 100$），分别表示一个队的队名、解题数、成绩。当然，$n$ 个队名中肯定包含 ms。

输出格式：

对于每组测试，若某队能获奖，则输出 YES，否则输出 NO。

输入样例：

```
1
3 team001
team001 2 27
team002 2 28
team003 0 7
```

输出样例：

```
YES
```

解析：

设计结构体类型 Team，包含队名 name、解题数 solved 和总成绩 score 等成员。

编写比较函数 cmp，带两个结构体参数 a 和 b，若两者 solved 不等，则返回 a.solved>b.solved 的结果，否则返回 a.score>b.score 的结果。

定义结构体数组，在输入数据之后进行排序，最后根据待查队名是否排在前 m（对 $n \times 0.6$ 四舍五入取整）个队伍之内输出 YES 或 NO。

C++代码中排序可直接调用系统函数 sort，将比较函数 cmp 作为其第三个参数；C 语言代码中排序可自定义排序函数，在该函数中使用 cmp 函数比较元素。

另外，一个实数的四舍五入取整可以将该实数加上 0.5 再取其整数部分；若考虑到实数有误差，可多加一个小实数，如 1e-9。

具体代码如下。

```cpp
//C++风格代码
#include<iostream>
#include<string>
#include<algorithm>
using namespace std;
struct Team {                          //结构体类型
    string name;
    int solved;
    int score;
};
const int N=15;
bool cmp(Team a, Team b) {             //比较函数
    if (a.solved!=b.solved)            //若两者solved不等，则按solved大者优先
        return a.solved>b.solved;
    return a.score>b.score;            //若两者solved相等，则按score大者优先
}
int main() {
    int T;
    cin>>T;
    while(T--) {
        Team a[N];                     //定义结构体数组
        string name;
        int i, n;
        cin>>n>>name;
        for(i=0; i<n; i++) {
            cin>>a[i].name>>a[i].solved>>a[i].score;
        }
        sort(a, a+n, cmp);             //调用sort函数实现排序，比较函数cmp作参数
        int m=n*0.6+0.5;               //对n*0.6四舍五入取整
        for(i=0; i<m; i++) {           //查找name是否出现在前m个队伍中
            if (name==a[i].name) break;
        }
        if (i<m) cout<<"YES\n";
        else cout<<"NO\n";
    }
    return 0;
}

//C风格代码
#include<stdio.h>
#define N 15
struct Team {                          //结构体类型
    char name[10];
    int solved;
    int score;
```

```
};
int cmp(struct Team a, struct Team b) {//比较函数
    if (a.solved!=b.solved)                 //若两者solved不等，则按solved大者优先
        return a.solved>b.solved;
    return a.score>b.score;                 //若两者solved相等，则按score大者优先
}
void mySort(struct Team a[], int n){//自定义选择排序函数
    int i, j, k;
    struct Team t;
    for(i=0; i<n-1; i++) {
        k=i;
        for(j=i+1; j<n; j++) {
            if (cmp(a[k],a[j])==0) k=j;     //调用比较函数cmp比较元素
        }
        if (k!=i) {
            t=a[i];
            a[i]=a[k];
            a[k]=t;
        }
    }
}
int main() {
    int T, i, m, n;
    scanf("%d",&T);
    while(T--) {
        struct Team a[N];                   //定义结构体数组
        char name[10];
        scanf("%d %s",&n,name);
        for(i=0; i<n; i++) {
            scanf("%s%d%d",a[i].name,&a[i].solved,&a[i].score);
        }
        mySort(a,n);                        //调用自定义函数排序
        m=n*0.6+0.5;                        //对n*0.6四舍五入取整
        for(i=0; i<m; i++) {                //查找name是否出现在前m个队伍中
            if (strcmp(name,a[i].name)==0) break;
        }
        if (i<m) puts("YES");
        else puts("NO");
    }
    return 0;
}
```

3. 足球联赛排名

本赛季足球联赛结束了。请根据比赛结果，给球队排名。排名规则：

（1）先看积分，积分高的名次在前（每场比赛胜者得3分，负者得0分，平局各得1分）；

（2）若积分相同，则看净胜球（该球队的进球总数与失球总数之差），净胜球多的排名在前；

（3）若积分和净胜球都相同，则看总进球数，进球总数多的排名在前；
（4）若积分、净胜球和总进球数都相同，则球队编号小的排名在前。

输入格式：

首先输入一个正整数 T，表示测试数据的组数，然后是 T 组测试数据。

每组测试先输入一个正整数 n（$n<1000$），代表参赛球队总数。方便起见，球队以编号 $1, 2, \cdots, n$ 表示。然后输入 $n\times(n-1)/2$ 行数据，依次代表包含这 n 支球队之间进行单循环比赛的结果，具体格式为：$i\ j\ p\ q$，其中 i、j 分别代表两支球队的编号（$1 \leqslant i<j \leqslant n$），$p$、$q$ 分别代表球队 i 和球队 j 的各自进球数（$0 \leqslant p, q \leqslant 50$）。

输出格式：

对于每组测试数据，按比赛排名从小到大依次输出球队的编号，每两个数据之间留一个空格。

输入样例：

```
1
4
1 2 0 2
1 3 1 1
1 4 0 0
2 3 2 0
2 4 4 0
3 4 2 2
```

输出样例：

```
2 3 1 4
```

解析：

设计结构体类型 Team，包含球队编号 id、进球总数 win、失球总数 lose 和积分 score 等成员。

依题意设计比较函数 cmp，若 score 不同，则按 score 大者优先，若 score 相同且净胜球 win-lose 不同，则按 win-lose 大者优先，若 score、win-lose 相同且 win 不同，则按 win 大者优先，若 score、win-lose、win 都相同，则按 id 小者优先。

定义结构体数组 t 并初始化所有成员为 0，先根据输入数据计算出各个球队的积分、进球总数、失球总数并存入 t 中，再对 t 按 cmp 函数指定的规则排序（C++调用 sort 函数，C语言定义并调用选择排序函数），最后输出结果。

对于输入的一场比赛结果 id1 id2 win1 win2，需先在结构体数组 t 中依次查找 id1、id2 是否曾出现过（定义并调用 findId 函数），若出现过，则根据 win1、win2 大小计算积分，否则将未出现过的球队存放到 t 数组的最后并根据 win1、win2 大小计算积分，然后计算进球总数和失球总数。

具体代码如下。

```
//C++风格代码
#include <iostream>
```

```cpp
#include <algorithm>
using namespace std;
struct Team {                                   //结构体类型
    int id, win, lose, score;
};
bool cmp(Team a, Team b) {                      //比较函数
    if (a.score!=b.score)                       //若积分不同,则按积分大者优先
        return a.score>b.score;
    int diff1=a.win-a.lose, diff2=b.win-b.lose; //计算净胜球
    if (diff1!=diff2)                           //若净胜球不同,则按净胜球大者优先
        return diff1>diff2;
    if (a.win!=b.win)                           //若进球总数不同,则按进球总数大者优先
        return a.win>b.win;
    return a.id<b.id;                           //若以上三者都相同,则按编号小者优先
}
//查找编号no,返回下标或-1(表示未找到)
int findId(Team t[], int n, int no) {
    for(int i=0; i<n; i++) {
        if(t[i].id==no) return i;
    }
    return -1;
}
void run() {                                    //一组测试的函数
    int n,i;
    cin>>n;
    Team t[1000]={0};                           //初始化 t 数组
    int times=n*(n-1)/2, cnt=0;
    for(i=1; i<=times; i++) {
        int id1,id2,win1,win2,i1,i2;
        Team tt;
        cin>>id1>>id2>>win1>>win2;
        int j1=findId(t,cnt,id1);               //查找 id1 是否曾出现
        //若id1 未曾出现,则将其放到 t 数组最后,记录下标到 i1 中
        if (j1==-1) {
            tt.id=id1;
            t[cnt]=tt;
            i1=cnt;
            cnt++;                              //球队数增 1
        }
        else i1=j1;                             //若 id1 曾出现,则记录到 i1 中
        int j2=findId(t,cnt,id2);               //查找 id2 是否曾出现
        //若id2 未曾出现,则将其放到 t 数组最后,记录下标到 i2 中
        if (j2==-1) {
            tt.id=id2;
            t[cnt]=tt;
            i2=cnt;
            cnt++;                              //球队数增 1
```

```
            else i2=j2;                      //若id2曾出现，则记录到i2中
            if(win1>win2) t[i1].score+=3;    //若id1球队胜，则id1球队积分加3
            else if (win1==win2) {           //若id1球队平id2球队，则积分各加1
                t[i1].score+=1;
                t[i2].score+=1;
            }
            else t[i2].score+=3;             //若id2球队胜，则id2球队积分加3
            t[i1].win+=win1;                 //更新id1球队的进球总数
            t[i1].lose+=win2;                //更新id1球队的失球总数
            t[i2].win+=win2;                 //更新id2球队的进球总数
            t[i2].lose+=win1;                //更新id2球队的失球总数
        }
        sort(t,t+cnt,cmp);                   //对t数组按cmp指定规则进行排序
        for(i=0; i<n; i++) {                 //输出结果
            if (i>0) cout<<" ";
            cout<<t[i].id;
        }
        cout<<endl;
}
int main() {
    int T;
    cin>>T;
    while(T--) run();
    return 0;
}

//C风格代码
#include<stdio.h>
#define N 1000
struct Team {                                //结构体类型
    int id, win, lose, score;
};
int cmp(struct Team a, struct Team b){       //比较函数
    int diff1=a.win-a.lose, diff2=b.win-b.lose;  //计算净胜球
    if (a.score!=b.score)                    //若积分不同，则按积分大者优先
        return a.score>b.score;
    if (diff1!=diff2)                        //若净胜球不同，则按净胜球大者优先
        return diff1>diff2;
    if (a.win!=b.win)                        //若进球总数不同，则按进球总数大者优先
        return a.win>b.win;
    return a.id<b.id;                        //若以上三者都相同，则按编号小者优先
}
void mySort(struct Team a[], int n) {        //自定义选择排序函数
    int i,j,k;
    struct Team t;
    for(i=0; i<n-1; i++) {
```

```
                k=i;
                for(j=i+1; j<n; j++) {
                    if (cmp(a[k],a[j])==0) k=j;
                }
                if (k!=i) {
                    t=a[i];
                    a[i]=a[k];
                    a[k]=t;
                }
            }
        }
        int findId(struct Team t[], int n, int no){//查找编号no,返回下标或-1(未找到)
            int i;
            for(i=0; i<n; i++) {
                if(t[i].id==no) return i;
            }
            return -1;
        }
        void run() {
            int n,i,id1,id2,win1,win2,i1,i2,j1,j2,cnt,times;
            struct Team t[1000]={0},tt;
            scanf("%d",&n);
            cnt=0,times=n*(n-1)/2;
            for(i=1; i<=times; i++) {
                scanf("%d%d%d%d",&id1,&id2,&win1,&win2);
                j1=findId(t,cnt,id1);            //查找id1是否曾出现
                //若id1未曾出现,则将其放到t数组最后,记录下标到i1中
                if (j1==-1) {
                    tt.id=id1;
                    t[cnt]=tt;
                    i1=cnt;
                    cnt++;                        //球队数增1
                }
                else i1=j1;                       //若id1曾出现,则记录到i1中
                j2=findId(t,cnt,id2);             //查找id2是否曾出现
                //若id2未曾出现,则将其放到t数组最后,记录下标到i2中
                if (j2==-1) {
                    tt.id=id2;
                    t[cnt]=tt;
                    i2=cnt;
                    cnt++;                        //球队数增1
                }
                else i2=j2;                       //若id2曾出现,则记录到i2中
                if(win1>win2) t[i1].score+=3;     //若id1球队胜,则id1球队积分加3
                else if (win1==win2) {            //若id1球队平id2球队,则积分各加1
                    t[i1].score+=1;
                    t[i2].score+=1;
```

```
                else t[i2].score+=3;            //若 id2 球队胜，则 id2 球队积分加 3
                t[i1].win+=win1;                //更新 id1 球队的进球总数
                t[i1].lose+=win2;               //更新 id1 球队的失球总数
                t[i2].win+=win2;                //更新 id2 球队的进球总数
                t[i2].lose+=win1;               //更新 id2 球队的失球总数
        }
        mySort(t,n);                            //调用自定义排序函数实现排序
        for(i=0; i<n; i++) {                    //输出结果
            if (i>0) printf(" ");
            printf("%d",t[i].id);
        }
        printf("\n");
}
int main() {
    int T;
    scanf("%d",&T);
    while(T--)  run();
    return 0;
}
```

4. 学车费用

小明学开车后，才发现他的教练对不同的学员收取不同的费用。

小明想分别对他所了解到的学车同学的各项费用进行累加求出总费用，然后按下面的排序规则排序并输出，以便了解教练的收费情况。排序规则：

先按总费用从多到少排序，若总费用相同则按姓名的 ASCII 码值从小到大排序，若总费用相同且姓名也相同则按编号（即输入时的顺序号，从 1 开始编）从小到大排序。

输入格式：

测试数据有多组，处理到文件尾。每组测试数据先输入一个正整数 n（$n\leq20$），然后是 n 行输入，第 i 行先输入第 i 个人的姓名（长度不超过 10 个字符，且只包含大小写英文字母），然后再输入若干个整数（不超过 10 个），表示第 i 个人的各项费用（都不超过 13000），数据之间都以一个空格分隔，第 i 行输入的编号为 i。

输出格式：

对于每组测试，在按描述中要求的排序规则进行排序后，按顺序逐行输出每个人的费用情况，包括：费用排名（从 1 开始，若费用相同则排名也相同，否则排名为排序后的序号）、编号、姓名、总费用。每行输出的数据之间留 1 个空格。

输入样例：

```
3
Tom 2800 900 2000 500 600
Jack 3800 400 1500 300
Tom 6700 100
```

输出样例：

```
1 1 Tom 6800
1 3 Tom 6800
3 2 Jack 6000
```

解析：

设计结构体类型 Fee，包含编号 index、姓名 name 和总费用 total 等成员。

依题意设计比较函数 cmp，若 total 不同，则按 total 大者优先，若 total 相同且 name 不同，则按 name 小者优先，若 total、name 都相同，则按 index 小者优先。

定义结构体数组 fee，循环 n 次输入，每次先初始化 index 为输入顺序号、total 为 0，输入姓名和各项费用，计算得到各人的总费用，再对 fee 数组按 cmp 函数指定的规则排序（C++语言调用 sort 函数，C 语言定义并调用选择排序函数），最后输出结果。

因每个人的费用项数不定，可先输入一个字符 c(C++语言用 cin.get()，C 语言用 getchar())，当 c 不是换行符时循环处理：先输入一项费用并累加到 total 中，再输入一个字符到 c 中。

排序后的排名输出可如下处理：使用排名变量 rank（初值为 1），先输出总费用最高者的 rank、编号、姓名和总费用，然后从第二人开始和前一个人的总费用进行比较，若不同则置 rank 为排序后的序号，再输出该人的 rank、编号、姓名和总费用。

具体代码如下。

```cpp
//C++风格代码
#include<iostream>
#include<string>
#include<algorithm>
using namespace std;
struct Fee {                                    //结构体类型
    int index;
    string name;
    int total;
};
bool cmp(Fee a, Fee b) {                        //比较函数
    if (a.total!=b.total)                       //若 total 不同，则按 total 大者优先
        return a.total>b.total;
    if (a.name!=b.name)                         //若 name 不同，则按 name 小者优先
        return a.name<b.name;
    return a.index<b.index;                     //按 index 小者优先
}
bool run() {
    int n, t;
    if(!(cin>>n)) return false;
    Fee fee[20];
    for(int i=0; i<n; i++) {
        fee[i].index=i+1;                       //初始化 index 为输入顺序号
        fee[i].total=0;                         //初始化 total 为 0
        cin>>fee[i].name;                       //输入 name
        char c=cin.get();                       //输入字符 c
        while(c!='\n') {                        //当 c 不是换行符时循环
```

```cpp
                cin>>t;                         //输入单项费用
                fee[i].total+=t;                //将单项费用累加到 total 中
                c=cin.get();                    //输入字符 c
            }
        }
        sort(fee, fee+n, cmp);                  //调用系统函数 sort 排序
        int rank=1;                             //排名变量 rank 初始化为 1
        for(int i=0; i<n; i++) {
            //从第二个人开始和前一个人比较总费用，若不同，则置其为排序后的序号
            if (i>0 && fee[i].total!=fee[i-1].total) rank=i+1;
            //输出第 i+1 个人的信息
            cout<<rank<<" "<<fee[i].index<<" "
                <<fee[i].name<<" "<< fee[i].total<<endl;
        }
        return true;
}
int main() {
    while(run());
    return 0;
}

//C 风格代码
#include<stdio.h>
#include<string.h>
struct Fee {                                    //结构体类型
    char name[11];
    int total,index;
};
int cmp(struct Fee a, struct Fee b) {           //比较函数
    if (a.total!=b.total)                       //若 total 不同，则按 total 大者优先
        return a.total>b.total;
    if (strcmp(a.name,b.name)!=0)               //若 name 不同，则按 name 小者优先
        return strcmp(a.name,b.name)<0;
    return a.index<b.index;                     //按 index 小者优先
}
void mySort(struct Fee a[], int n) {            //自定义选择排序函数
    int i, j, k;
    struct Fee t;
    for(i=0; i<n-1; i++) {
        k=i;
        for(j=i+1; j<n; j++) {
            if (cmp(a[k],a[j])==0) k=j;         //调用比较函数 cmp 比较元素
        }
        if (k!=i) {
            t=a[i];
            a[i]=a[k];
            a[k]=t;
```

```
            }
        }
    }
    int main() {
        int i, n, t, rank;
        char c;
        struct Fee fee[20];
        while(~scanf("%d",&n)) {
            for(i=0; i<n; i++) {
                fee[i].index=i+1;                   //初始化 index 为输入顺序号
                fee[i].total=0;                     //初始化 total 为 0
                scanf("%s",fee[i].name);            //输入 name
                c=getchar();                        //输入字符 c
                while(c!='\n') {                    //当 c 不是换行符时循环
                    scanf("%d",&t);                 //输入单项费用
                    fee[i].total+=t;                //将单项费用累加到 total 中
                    c=getchar();                    //输入字符 c
                }
            }
            mySort(fee,n);                          //调用自定义函数排序
            rank=1;                                 //置排名变量 rank 为 1
            for(i=0; i<n; i++) {
                //从第二个人开始和前一个人比较总费用,若不同,则置 rank 为排序后的序号
                if(i>0&&fee[i].total!=fee[i-1].total) rank=i+1;
                //输出第 i+1 个人的信息
                printf("%d %d %s %d\n",rank,fee[i].index,fee[i].name,fee[i].total);
            }
        }
        return 0;
    }
```

本题还有其他求解方法,请读者自行思考并编程实现。

5. 节约有理

小明准备考研,要买一些书,虽然每个书店都有他想买的所有图书,但不同书店的不同书籍打的折扣可能各不相同,因此价格也可能各不相同。因为资金有限,小明想知道不同书店价格最便宜的图书各有多少本,以便节约资金。

输入格式:

首先输入一个正整数 T,表示测试数据的组数,然后是 T 组测试数据。

对于每组测试,第一行先输入两个整数 m,n($1 \leqslant m$,$n \leqslant 100$),表示想要在 m 个书店买 n 本书;第二行输入 m 个店名(长度都不超过 20,并且只包含小写字母),店名之间以一个空格分隔;接下来输入 m 行数据,表示各个书店的售书信息,每行由小数位数不超过两位的 n 个实数组成,代表对应的第 1~第 n 本书的价格。

输出格式:

对于每组测试数据,按要求输出 m 行,分别代表每个书店的店名和能够提供的最廉价

图书的数量，店名和数量之间留一空格。当然，比较必须是在相同的图书之间才可以进行，并列的情况也算。

输出要求按最廉价图书的数量 cnt 从大到小的顺序排列，若 cnt 相同则按店名的 ASCII 码值升序输出。

输入样例：

```
1
3 3
xiwangshop kehaishop xinhuashop
11.1 22.2 33.3
11.2 22.2 33.2
10.9 22.3 33.1
```

输出样例：

```
xinhuashop 2
kehaishop 1
xiwangshop 1
```

解析：

设计结构体类型 shop，包含店名 name 和最廉价（便宜）图书的数量（简称数量）cnt 等成员。

依题意设计比较函数 cmp，若 cnt 相同，则按 name 小者优先，若 cnt 不同，则按 cnt 大者优先。

定义结构体数组 s，输入 n 个店名、置 cnt 为 0；统计各个书店最便宜图书的数量 cnt；再对 s 数组按 cmp 函数指定的规则排序（C++语言调用 sort 函数，C 语言定义并调用选择排序函数），最后输出结果。

统计各个书店最便宜图书的数量的处理方法如下：逐列扫描保存各个书店各书的价格的二维数组 a，找到各书的最小价格保存到一维数组 b 中，再逐行扫描二维数组 a 检查各店各书价格是否等于数组 b 中保存的价格，若相等，则数量 cnt 增 1。

具体代码如下。

```cpp
//C++风格代码
#include<iostream>
#include<string>
#include<algorithm>
using namespace std;
const int N=100;
struct Shop {                                    //结构体类型
    string name;                                 //店名
    int cnt;                                     //最便宜图书的数量
} s[N];
bool cmp(Shop a,Shop b) {                        //比较函数
    if(a.cnt==b.cnt) return a.name<b.name;       //若数量相同，则按店名小者优先
    return a.cnt>b.cnt;                          //若数量不等，则按数量大者优先
```

```cpp
    }
    int main() {
        int T;
        cin>>T;
        while(T--) {
            int i, j, m, n;
            double a[N][N],b[N];
            cin>>n>>m;
            for(i=0; i<n; i++) {              //输入店名 name，置数量 cnt 为 0
                cin>>s[i].name;
                s[i].cnt=0;
            }
            for(i=0; i<n; i++) {              //输入各店各书的价格到二维数组 a 中
                for(j=0; j<m; j++) cin>>a[i][j];
            }
            for(i=0; i<m; i++) {              //求二维数组 a 中每列的最小值存到 b 数组中
                b[i]=a[0][i];
                for(j=0; j<n; j++) {
                    if(a[j][i]<b[i]) b[i]=a[j][i];
                }
            }
            for(i=0; i<n; i++) {              //统计各个书店最便宜图书的数量
                for(j=0; j<m; j++) {
                    if(a[i][j]==b[j]) s[i].cnt++;
                }
            }
            sort(s,s+n,cmp);                  //按 cmp 指定的规则排序
            for(i=0; i<n; i++) {              //输出结果
                cout<<s[i].name<<" "<<s[i].cnt<<endl;
            }
        }
        return 0;
    }

//C 风格代码
#include<stdio.h>
#include<string.h>
#define N 100
struct Shop {                                 //结构体类型
    char name[21];                            //店名
    int cnt;                                  //最便宜图书的数量
} s[N];
int cmp(struct Shop a,struct Shop b) {        //比较函数
    if(a.cnt==b.cnt)                          //若数量相同，则按店名小者优先
        return strcmp(a.name,b.name)<0;
    return a.cnt>b.cnt;                       //若数量不等，则按数量大者优先
}
```

```c
void mySort(struct Shop a[], int n) {    //自定义选择排序函数
    int i, j, k;
    struct Shop t;
    for(i=0; i<n-1; i++) {
        k=i;
        for(j=i+1; j<n; j++) {
            if (cmp(a[k],a[j])==0)  k=j;//调用比较函数cmp比较元素
        }
        if (k!=i) {
            t=a[i];
            a[i]=a[k];
            a[k]=t;
        }
    }
}
int main() {
    int T;
    scanf("%d",&T);
    while(T--) {
        int i,j,m,n;
        double a[N][N],b[N];
        scanf("%d%d",&n,&m);
        for(i=0; i<n; i++) {              //输入店名name，置数量cnt为0
            scanf("%s",s[i].name);
            s[i].cnt=0;
        }
        for(i=0; i<n; i++) {              //输入各店各书的价格到二维数组a中
            for(j=0; j<m; j++) scanf("%lf",&a[i][j]);
        }
        for(i=0; i<m; i++) {              //求二维数组a中每列的最小值存放到b数组中
            b[i]=a[0][i];
            for(j=0; j<n; j++) {
                if(a[j][i]<b[i])  b[i]=a[j][i];
            }
        }
        for(i=0; i<n; i++) {              //统计各书店最便宜图书的数量
            for(j=0; j<m; j++) {
                if(a[i][j]==b[j])  s[i].cnt++;
            }
        }
        mySort(s,n);                      //调用自定义排序函数mySort排序
        for(i=0; i<n; i++) {              //输出结果
            printf("%s %d\n",s[i].name,s[i].cnt);
        }
    }
    return 0;
}
```

第 7 章

指针习题解析

7.1 选择题解析

1. 变量的指针是指变量的（　　）。
   A. 值　　　　　　B. 地址　　　　　　C. 名　　　　　　D. 内存单元

解析：
变量的地址是指向该变量的指针，答案选 B。

2. 下列关于指针的用法中错误的是（　　）。
   A. int i,*p; p=&i;　　　　　　　　B. int *p; p=NULL;
   C. int i=5,*p; *p=&i;　　　　　　D. int i,*p=&i;

解析：
选项 A、B、D 的用法正确，其中选项 A 中将整型变量 i 的地址赋给整型指针变量 p，使 p 指向 i；选项 B 中将空指针 NULL 赋给整型指针变量 p；选项 D 中用整型变量 i 的地址初始化整型指针变量 p，使 p 指向 i；选项 C 中*p 是 int 类型，&i 是 "int *" 类型，两者的类型不一致，赋值有误，答案选 C。

3. 若有语句 "int i,j=7, *p=&i;"，则与 "i=j;" 等价的语句是（　　）。
   A. i=*p;　　　　B. *p=j;　　　　C. i=&j;　　　　D. i=**p;

解析：
语句 "int *p=&i;" 用整型变量 i 的地址初始化整型指针变量 p，使 p 指向 i，则*p 与 i 等价，与 "i=j;" 等价的语句是 "*p=j;"，答案选 B。

4. 在 "int a=3, *p=&a;" 中，*p 的值是（　　）。
   A. &a　　　　　B. 无意义　　　　C. &p　　　　　D. 3

解析：
语句 "int a=3, *p=&a;" 用整型常量 3 初始化整型变量 a，再用整型变量 a 的地址初始化整型指针变量 p，使 p 指向 a，则*p 与 a 等价，*p 的值就是 a 的值，答案选 D。

5. 若有语句 "int a=5, *p1, *p2;p1=&a, p2=&a;"，则下面的语句会导致错误的是（　　）。
   A. p2=a;　　　　B. a=*p1+*p2;　　　　C. p1=p2;　　　　D. a=*p1 * *p2;

解析：

a、*$p1$、*$p2$ 是 int 类型，$p1$、$p2$ 是 "int *" 类型，同类型变量之间可相互赋值或运算，选项 B、C、D 中的语句是正确的，答案选 A。

6. 若有定义 "int *p;" 且使 "q=&p;"，则 q 的定义应该是（ ）。

  A. int q;   B. int *q;   C. int **q;   D. int &q;

解析：

p 是 "int *" 类型，&p 是 "int **" 类型，若要使 "q=&p;" 可执行，则 q 应为 "int **" 类型，答案选 C。

7. 若有语句 "int x=5, *p=&x;"，则(*p)++相当于（ ）。

  A. x++   B. p++   C. *(p++)   D. *p++

解析：

语句 "int *p=&x;" 用整型变量 x 的地址初始化整型指针变量 p，使 p 指向 x，则*p 与 x 等价，(*p)++相当于 x++，答案选 A。

8. 若有语句 "int x, *p1=&x,*p2;"，要使 $p2$ 也指向 x，正确语句的是（ ）。

  A. p2=p1;   B. p2=**p1;   C. p2=&p1;   D. p2=*p1;

解析：

语句 "int *p1=&x;" 用整型变量 x 的地址初始化整型指针变量 $p1$，使 $p1$ 指向 x，要使 $p2$ 也指向 x，则可将 $p1$ 或&x 赋值给 $p2$，答案选 A。

9. 若有语句 "int a[3][4]={{1,3,5,7},{2,4,6,8}};"，则*(*a+1)的值为（ ）。

  A. 1   B. 2   C. 3   D. 4

解析：

(a+1)=*(*(a+0)+1)=a[0][1]，故*(*a+1)的值是 a[0][1]的值 3，答案选 C。

10. 若有语句 "int a[]={1,2,3,4,5};"，则关于语句 "int *p=a;" 的说法正确的是（ ）。

  A. 把 a[0]的值赋给*p

  B. 把 a[0]的值赋给变量 p

  C. 初始化变量 p，使其指向数组 a 的首元素

  D. 定义不正确

解析：

对于一维数组 a，数组名代表数组的首地址&a[0]，语句 "int *p=a;" 用 a（即&a[0]）初始化指针变量 p，使其指向数组首元素 a[0]，答案选 C。

11. 若有语句 "int a[10]; int *p=a;"，则以下错误的表达式是（ ）。

  A. p=a+5;   B. a=p+a;   C. a[2]=p[4];   D. *p=a[0];

解析：

对于一维数组 a，语句"int *p=a;"使指针变量 p 指向数组首元素，则 $a+i$ 等价于 $p+i$，$a[i]$ 等价于 $p[i]$。选项 A 中的 $p=a+5$ 使 p 指向 $a[5]$；选项 C 将 $a[4]$ 赋值给 $a[2]$，选项 D 将 $a[0]$ 赋值给 $a[0]$ 都是可以的。选项 B 中数组名 a 代表数组的首地址，是一个常量，不能放在赋值符号的左边，答案选 B。

12. 若有语句"int n; cin>>n;"，则申请和释放长度为 n 的动态数组的语句正确的是（　　）。
    A. int *p=new int (n); delete p;　　B. int *p=new int (n); delete [] p;
    C. int *p=new int [n]; delete p;　　D. int *p=new int [n]; delete [] p;

解析：

C++语言中申请动态数组用 new 运算符，需注意数组长度放在中括号中；释放动态数组用 delete 运算符，需注意 delete 后需带[]才表示释放整个数组空间。语句"int *p=new int(n)"表示申请一个整型变量（初始值为 n）的空间并用指针变量 p 指向该空间，答案选 D。

13. 若有语句"int a[3][4], (*p)[4]=a;"则与 *(*(a+1)+2) 不等价的是（　　）。
    A. *(*(p+1)+2)　　B. a[1][2]　　C. p[1][2]　　D. *(p+1)+2

解析：

语句"int a[3][4], (*p)[4]=a;"中的 p 表示指向由 4 个元素构成的整个一维数组的行指针，可认为 p 与二维数组名 a 等价，则 *(*(a+1)+2) 等价于 *(*(p+1)+2)，也等价于 $a[1][2]$、$p[1][2]$。选项 D 表示指向二维数组元素 $a[1][2]$ 的（列）指针，答案选 D。

14. 若有语句"int a[3][4];"，则与 *(a+1)+2 等价的是（　　）。
    A. $a[1][2]$　　B. *a+3　　C. &a[1][2]　　D. &a[1]+2

解析：

*(a+1)+2 表示指向二维数组元素 $a[1][2]$ 的（列）指针，与 &a[1][2] 等价，答案选 C。

15. 执行语句"char a[10]={"abcd"}; *p=a;"后，*(p+4) 的值是（　　）。
    A. "abcd"　　B. 'd'　　C. '\0'　　D. 不能确定

解析：

执行语句"char a[10]={"abcd"}; *p=a;"后，p 指向字符数组 a 中的首字符，*(p+4) 等价于 *(a+4)，也等价于 $a[4]$、$p[4]$，因 a 数组仅部分初始化前 4 个元素，其余元素自动初始化为 '\0'，答案选 C。

16. 若有函数定义"void f(int *a){ *a=3; }"，则以下代码的执行结果是（　　）。

```
int n=1;
f(&n);
//C++风格代码
cout<<n<<endl;
//C 风格代码
```

```
printf("%d\n",n);
```

  A. 3　　　　　　B. 1　　　　　　C. 0　　　　　　D. 不确定

解析：

  f 函数用指针变量 *a* 作函数参数，参数传递相当于执行 "int *a=&n"，即形参指针变量 *a* 指向实参变量 *n*，则在函数调用期间，*a 与 n 等价，故对*a 的改变就是对 n 的改变，答案选 A。

17. 以下对结构体变量 stu 中成员 age 的正确引用是（　　）。

```
struct Student {
    int age;
    int num;
} stu,*p=&stu;
```

  A. Student.age　　B. stu.age　　C. stu->age　　D. (*p)->age

解析：

  指针变量 *p* 指向结构体变量 stu 后，*p 与 stu 等价，则结构体变量 stu 中成员 age 可用 stu.age、*p*->age、(*p*).age 表示，答案选 B。

18. 若有以下定义语句，则引用方式错误的是（　　）。

```
struct S {
    int no;
    char *name;
}s,*p=&s;
```

  A. *s*.no　　　　B. (*p*).no　　　　C. *p*->no　　　　D. *s*->no

解析：

  指针变量 *p* 指向结构体变量 *s* 后，*p 与 s 等价，则结构体变量 *s* 中成员 no 可用 *s*.no、*p*->no、(*p*).no 表示，答案选 D。

19. 运行下列程序，输出结果是（　　）。

```
struct Stu {
    int num;
    char name[10];
} x[5]= {1,"Iris",2,"Jack",3,"John",4,"Mary",5,"Tom"};
int main() {
    struct Stu *p=x+2;
    printf("%d%s\n",p->num,p->name);
    return 0;
}
```

  A. 2Jack　　　　B. 3John　　　　C. 4Mary　　　　D. 3J

解析：

语句"struct Stu *p=x+2;"使指针变量 *p* 指向 *x*[2]，*p*->num 与 *x*[2].num 等价，*p*->name 与 *x*[2].name 等价，答案选 B。

20. 若已有语句如下，则以下说法正确的是（　　）。

```
typedef struct Student{
    int age;
    int num;
} stu,*p;
```

  A. stu是Student类型的变量   B. *p*是Student类型的指针变量
  C. stu是结构体类型名   D. *p*是结构体类型名

解析：

typedef 用来给已有类型取别名，例如，"typedef int I;"表示为 int 类型取别名为 I，则"int a;"和"I a;"等价；又如，"typedef int * PI;"表示为"int *"类型取别名为 PI，则"int * p;"和"PI p;"等价。

综上，本题中 stu 是结构体类型 Student 的别名，*p* 是结构体指针类型"Student *"的别名，答案选 C。

7.2 编程题解析

1. 三个整数的降序输出

输入 3 个整数，要求设 3 个指针变量 *p*1、*p*2、*p*3，使 *p*1 指向 3 个数中的最大者，*p*2 指向次大者，*p*3 指向最小者，然后按由大到小的顺序输出这 3 个数。

输入格式：

测试数据有多组，处理到文件尾。每组测试数据输入 3 个整数。

输出格式：

对于每组测试数据，按从大到小的顺序输出这 3 个整数，每两个整数之间留一个空格。

输入样例：

-987 568 12

输出样例：

568 12 -987

解析：

设输入的 3 个整数存放在变量 *a*、*b*、*c* 中，先使指针变量 *p*1、*p*2、*p*3 分别指向 *a*、*b*、*c*，接着比较 *p*1、*p*2 所指变量**p*1、**p*2 的大小，若前者小于后者则交换 *p*1、*p*2 的指向，再比较 *p*1、*p*3 所指变量**p*1、**p*3 的大小，若前者小于后者则交换 *p*1、*p*3 的指向，此时 *p*1 已指向 *a*、*b*、*c* 中的最大者，接着比较 *p*2、*p*3 所指变量**p*2、**p*3 的大小，若前者小于后者则交换 p2、p3 的指向,此时 p2、p3 分别指向次大者和最小者。

具体代码如下。

```cpp
//C++风格代码
#include<iostream>
using namespace std;
int main() {
    int a, b, c;
    while(cin>>a>>b>>c) {
        int *p1=&a, *p2=&b, *p3=&c;         //p1、p2、p3 分别指向 a、b、c
        if (*p1<*p2) swap(p1,p2);           //若*p1<*p2,则交换 p1、p2 的指向
        if (*p1<*p3) swap(p1,p3);           //若*p1<*p3,则交换 p1、p3 的指向
        if (*p2<*p3) swap(p2,p3);           //若*p2<*p3,则交换 p2、p3 的指向
        cout<<*p1<<" "<<*p2<<" "<<*p3<<endl;
    }
    return 0;
}

//C 风格代码
#include<stdio.h>
int main() {
    int a, b, c;
    int *p1, *p2, *p3, *t;
    while(~scanf("%d%d%d", &a,&b,&c)) {
        p1=&a, p2=&b, p3=&c;                //p1、p2、p3 分别指向 a、b、c
        if (*p1<*p2) t=p1, p1=p2, p2=t;     //若*p1<*p2,则交换 p1、p2 的指向
        if (*p1<*p3) t=p1, p1=p3, p3=t;     //若*p1<*p3,则交换 p1、p3 的指向
        if (*p2<*p3) t=p2, p2=p3, p3=t;     //若*p2<*p3,则交换 p2、p3 的指向
        printf("%d %d %d\n",*p1,*p2,*p3);
    }
    return 0;
}
```

2. 交换最大、最小数位置

输入 n 个不超过 2 位的整数,先将其中最小的数与第一个数对换,然后再把最大的数与最后一个数对换。

输入格式:

测试数据有多组,处理到文件尾。对于每组测试,第一行输入 n(1≤n≤20),第二行输入 n 个不超过 2 位的整数。

输出格式:

对于每组测试,输出将这 n 个整数中最小的数与第一个数对换,最大的数与最后一个数对换后的 n 个整数。

输入样例:

9

82 9 -20 20 -87 99 69 68 -89

输出样例:

-89 9 -20 20 -87 82 69 68 99

解析:

设输入的 n 个整数存放在数组 a 中,本题分两步做,首先找到最小数用指针 q 指向,然后交换第一个数*a 和最小数*q;再找到最大数用指针 q 指向,然后交换最后一个数*($a+n-1$) 和最大数*q。

具体代码如下。

```cpp
//C++风格代码
#include<iostream>
using namespace std;
void input(int *a, int n) {                    //输入函数
    for(int i=0; i<n; i++)
        cin>>*(a+i);
}
void solve(int *a, int n) {                    //处理函数
    int *p, *q;
    q=a;                                       //指针变量 q 一开始指向 a 数组首元素
    for(p=a+1; p<a+n; p++) {                   //指针变量 p 依次指向 a[1]~a[n-1]
        if (*p<*q) q=p;                        //若*q 大于当前元素*p,则使 q 指向该元素
    }
    swap(*a, *q);                              //交换第一个数*a 和最小数*q
    q=a;                                       //指针变量 q 重新指向 a 数组首元素
    for(p=a+1; p<a+n; p++) {                   //指针变量 p 依次指向 a[1]~a[n-1]
        if(*p>*q) q=p;                         //若*q 小于当前元素*p,则使 q 指向该元素
    }
    swap(*(a+n-1), *q);                        //交换最后一个数*(a+n-1)和最大数*q
}
void output(int a[], int n) {                  //输出函数
    for(int i=0; i<n; i++) {
        if (i>0) cout<<" ";
        cout<<*(a+i);
    }
    cout<<endl;
}
int main() {
    int a[20], n;
    while(cin>>n) {
        input(a,n);
        solve(a,n);
        output(a,n);
    }
    return 0;
```

}

//C 风格代码
```c
#include<stdio.h>
void input(int *a, int n) {           //输入函数
    int i;
    for(i=0; i<n; i++)
        scanf("%d",a+i);
}
void solve(int *a, int n) {           //处理函数
    int *p, *q, t;
    q=a;                              //指针变量 q 一开始指向 a 数组首元素
    for(p=a+1; p<a+n; p++) {          //指针变量 p 依次指向 a[1]~a[n-1]
        if (*p<*q) q=p;               //若*q 大于当前元素*p,则使 q 指向该元素
    }
    t=*a, *a=*q, *q=t;                //交换第一个数*a 和最小数*q
    q=a;                              //指针变量 q 重新指向 a 数组首元素
    for(p=a+1; p<a+n; p++) {          //指针变量 p 依次指向 a[1]~a[n-1]
        if(*p>*q) q=p;                //若*q 小于当前元素*p,则使 q 指向该元素
    }
    t=*(a+n-1), *(a+n-1)=*q, *q=t;    //交换最后一个数*(a+n-1)和最大数*q
}
void output(int a[], int n) {         //输出函数
    int i;
    for(i=0; i<n; i++) {
        if (i>0) printf(" ");
        printf("%d",*(a+i));
    }
    printf("\n");
}
int main() {
    int a[20], n;
    while(scanf("%d", &n)!=EOF) {
        input(a,n);
        solve(a,n);
        output(a,n);
    }
    return 0;
}
```

本题需分两步做,不能扫描一遍数组 *a* 同时找到最小数和最大数的位置再分别进行交换。为什么?请读者自行思考并分析。

3. 最短距离的两点

给出一些整数对,它们表示平面上的点,求所有点中距离最近的两个点。

输入格式:

测试数据有多组。每组测试数据先输入一个整数 *n*,表示点的个数,然后输入 *n* 个整数

对，表示点的行列坐标。若 n 为 0，则输入结束。

输出格式：

对于每组测试，在一行上输出距离最短的两个点。要求输出格式为"(a,b) (c,d)"（参看输出样例），表示点 (a,b) 到点 (c,d) 的距离最短；若有多个点对之间距离最短，则以先输入者优先。

输入样例：

```
3
1 3
3 1
0 0
3
1 1
2 2
0 0
0
```

输出样例：

```
(1,3) (3,1)
(1,1) (2,2)
```

解析：

因本题未给出点的个数 n 的范围，故使用动态数组（C++语言使用 new、delete 运算符申请和释放动态数组，C 语言用系统函数 malloc、free 申请和释放动态数组）p。

对于找距离最近的两个点，采用类似求最小值的方法：先假设前两个点 $p[0]$、$p[1]$ 距离最小并保存在变量 d 中（两个点保存在 $p1$、$p2$ 中），再求当前两点（下标设为 i、j，$0 \leqslant i < n-1$ 且 $i+1 \leqslant j < n$）之间的距离 t，若 t 小于 d，则更新 d 为 t，并更新 $p1$、$p2$ 为当前两点 $p[i]$、$p[j]$。因 t 等于 d 时并不更新 d，故能满足"若有多个点对之间距离最短，以先输入者优先"的要求。

因距离比较可转换为距离的平方的比较，故无须使用 sqrt 函数。

具体代码如下。

```cpp
//C++风格代码
#include <iostream>
using namespace std;
struct Point {                      //表示点的结构体类型
    int x;                          //行坐标
    int y;                          //列坐标
};
int main() {
    int n,i,d,t;
    while(cin>>n) {
        if(n==0) break;
        Point *p=new Point[n];      //申请长度为 n 的动态数组 p
```

```
        Point p1,p2;
        for(i=0; i<n; i++) {           //输入n个点信息
            cin>>p[i].x>>p[i].y;
        }
        p1=p[0];
        p2=p[1];
        //假设最前两个点的距离(的平方)最小存放在假设最小距离变量d中
        d=(p2.y-p1.y)*(p2.y-p1.y)+(p2.x-p1.x)*(p2.x-p1.x);
        for(i=0; i<n-1; i++) {
            for(int j=i+1; j<n; j++) {
                //计算下标为i、j的两个点(当前两点)的距离(的平方)t
                t=(p[i].y-p[j].y)*(p[i].y-p[j].y)+
                  (p[i].x-p[j].x)*(p[i].x-p[j].x);
                if(t<d) {              //若t小于d,则更新d为t,并记录当前两点
                    p1=p[i];
                    p2=p[j];
                    d=t;
                }
            }
        }
        cout<<"("<<p1.x<<","<<p1.y<<")"<<" "<<"("<<p2.x<<","<<p2.y<<")"<<endl;
        delete [] p;                   //释放动态数组内存空间
    }
    return 0;
}

//C风格代码
#include<stdio.h>
#include<stdlib.h>
struct Point {                         //表示点的结构体类型
    int x;                             //行坐标
    int y;                             //列坐标
};
int main() {
    int n, i, j, d, t;
    struct Point *p, p1, p2;
    while(~scanf("%d",&n)) {
        if(n==0) break;
        //申请长度为n的动态数组p
        p=(struct Point*) malloc(sizeof(struct Point)*n);
        for(i=0; i<n; i++) {           //输入n个点信息
            scanf("%d%d",&p[i].x,&p[i].y);
        }
        p1=p[0];
        p2=p[1];
        //假设最前两个点的距离(的平方)最小存放在假设最小距离变量d中
        d=(p2.y-p1.y)*(p2.y-p1.y)+(p2.x-p1.x)*(p2.x-p1.x);
```

```
            for(i=0; i<n-1; i++) {
                for(j=i+1; j<n; j++) {
                    //计算下标为 i、j 的两个点（当前两点）的距离（的平方）t
                    t=(p[i].y-p[j].y)*(p[i].y-p[j].y)+
                      (p[i].x-p[j].x)*(p[i].x-p[j].x);
                    if(t<d) {              //若 t 小于 d，则更新 d 为 t，并记录当前两点
                        p1=p[i];
                        p2=p[j];
                        d=t;
                    }
                }
            }
            printf("(%d,%d) (%d,%d)\n", p1.x,p1.y,p2.x,p2.y);
            free(p);                      //释放动态数组内存空间
        }
        return 0;
    }
```

本题还有其他解法，请读者自行思考并编程实现。

4. 逆置一维数组

编写程序，以指针的方式，就地逆置一维数组。

输入格式：

首先输入一个正整数 T，表示测试数据的组数，然后是 T 组测试数据。每组测试数据先输入数据个数 n，然后输入 n 个整数。

输出格式：

对于每组测试，在一行上输出逆置之后的结果。数据之间以一个空格分隔。

输入样例：

```
2
4 1 2 5 3
5 4 3 5 1 2
```

输出样例：

```
3 5 2 1
2 1 5 3 4
```

解析：

设长度为 n 的一维数组为 a，一开始可用两个指针变量 p、q 分别指向首元素 $a[0]$、尾元素 $a[n-1]$，当 p 与 q 尚未相遇时循环处理：先交换 $*p$、$*q$，再使 p 往后指（p++）、q 往前指（q--）。

因未给定数组长度 n 的范围，故使用动态数组（C++使用 new、delete 运算符申请和释放动态数组，C 语言用系统函数 malloc、free 申请和释放动态数组）。

具体代码如下。

```cpp
//C++风格代码
#include<iostream>
using namespace std;
void solve(int a[], int n) {                    //逆置函数
    //p、q分别指向首尾元素,当p<q时循环处理:先交换p、q所指元素的值,再执行p++、q--
    for(int *p=a, *q=a+n-1; p<q; p++, q--) {
        swap(*p, *q);                           //交换p、q所指元素的值
    }
}
int main() {
    int T;
    cin>>T;
    while(T--) {
        int n;
        cin>>n;
        int *a=new int [n];                     //申请长度为n的动态数组
        for(int* p=a; p<a+n; p++) cin>>*p;      //输入数组元素
        solve(a, n);                            //调用处理函数逆置数组
        for(int* p=a; p<a+n; p++) {             //输出数组元素
            if (p>a) cout<<" ";                 //若不是第一个元素,则先输出一个空格
            cout<<*p;
        }
        cout<<endl;
        delete [] a;                            //释放动态数组内存空间
    }
    return 0;
}

//C风格代码
#include<stdio.h>
#include<stdlib.h>
void solve(int a[], int n) {                    //逆置函数
    int *p, *q, t;
    //p、q分别指向首尾元素,当p<q时循环处理:先交换p、q所指元素的值,再使p++、q--
    for(p=a, q=a+n-1; p<q; p++, q--) {
        t=*p, *p=*q, *q=t;                      //交换p、q所指元素的值
    }
}
int main() {
    int T, n, *p, *a;
    scanf("%d",&T);
    while(T--) {
        scanf("%d",&n);
        a=(int *)malloc(sizeof(int)*n);         //申请长度为n的动态数组
        for(p=a; p<a+n; p++) scanf("%d",p);     //输入数组元素
        solve(a, n);                            //调用处理函数逆置数组
        for(p=a; p<a+n; p++) {                  //输出数组元素
```

```
            if (p>a) printf(" ");            //若不是第一个元素,则先输出一个空格
            printf("%d",*p);
        }
        printf("\n");
        free(a);                              //释放动态数组内存空间
    }
    return 0;
}
```

本题是否还有其他解法?请读者思考并尝试编程求解。

5. 对角线元素之和

对于一个 n 行 n 列的方阵,请编写程序,以指针的方式,求二维数组的主、次对角线上的元素之和(若主、次对角线有交叉则交叉元素仅算一次)。

输入格式:

测试数据有多组,处理到文件尾。每组测试数据的第一行输入 1 个整数 n($1<n<20$),接下来输入 n 行数据,每行 n 个整数。

输出格式:

对于每组测试,输出方阵主次对角线上的元素之和。

输入样例:

```
3
4 9 1
3 5 7
8 1 9
```

输出样例:

```
27
```

解析:

n 行 n 列的方阵可用二维数组 a 表示,主对角线元素的行、列下标相等,即 $a[i][i]$($0 \leq i < n$),次对角线元素的行、列下标之和等于 $n-1$,即 $a[i][n-1-i]$($0 \leq i < n$)。这里将 $a[i][j]$、$a[i][i]$、$a[i][n-1-i]$ 等分别用指针形式表示为 *(*(a+i)+j)、*(*(a+i)+i)、*(*(a+i)+n-1-i) 等。

另外,对于奇数阶方阵,主次对角线有交叉,该位置上的元素仅可加一次。

具体代码如下。

```cpp
//C++风格代码
#include <iostream>
using namespace std;
const int N=20;
int main() {
    int n;
    while(cin>>n) {
        int a[N][N];
        for(int i=0; i<n; i++) {               //输入
```

```
            for(int j=0; j<n; j++)
                cin>>*(*(a+i)+j);
        }
        int s=0;                                //累加单元清 0
        for(int i=0; i<n; i++) {                //求主次对角线元素之和
            s+= *(*(a+i)+i)+*(*(a+i)+n-1-i);
        }
        if (n%2==1)  s-=*(*(a+n/2)+n/2);        //减去奇数阶方阵多加 1 次的交叉元素
        cout<<s <<endl;
    }
    return 0;
}

//C 风格代码
#include<stdio.h>
#define N 20
int main() {
    int a[N][N];
    int n, i, j, s;
    while(~scanf("%d",&n)) {
        for(i=0; i<n; i++) {                    //输入
            for(j=0; j<n; j++)
                scanf("%d", *(a+i)+j);
        }
        s=0;                                    //累加单元清 0
        for(i=0; i<n; i++) {                    //求主次对角线元素之和
            s+=*(*(a+i)+i)+*(*(a+i)+n-1-i);
        }
        if (n%2==1)  s-=*(*(a+n/2)+n/2);        //减去奇数阶方阵多加 1 次的交叉元素
        printf("%d\n",s);
    }
    return 0;
}
```

6. 用指针数组进行字符串排序

输入 n 个长度均不超过 15 的字符串，将它们按从小到大排序并输出。

输入格式：

测试数据有多组，处理到文件尾。对于每组测试，第一行输入自然数 n（$3 \leqslant n \leqslant 10$）；第二行开始的 n 行每行输入一个长度不超过 15 的字符串。

输出格式：

对于每组测试，按从小到大的顺序输出 n 个字符串。

输入样例：

```
4
just
acmers
```

```
Welcome to acm
try your best
```

输出样例：

```
Welcome to acm
acmers
just
try your best
```

解析：

依题意，用字符指针数组指向若干字符串，采用选择排序实现若干字符串的升序排序。字符指针数组中的每个元素是一个字符指针变量。

设字符指针变量 p 存放的是单个字符的地址，若该字符是某个字符串 s 的首字符，则可用字符指针变量 p 表示字符串 s。例如，以下代码使用字符串比较函数 strcmp 时以字符指针变量 p、q 分别表示字符串 s 和 t。

```
char s[]="just do", t[]="just try";    //初始化字符数组（字符串）s、t
char *p=s, *q=t;                       //指针变量p、q分别存放&s[0]、&t[0]
printf("%d\n",strcmp(p,q));            //输出字符串s、t的比较结果，结果为-1
```

这里定义一个以字符指针数组 p 和整型变量 n 为参数的选择排序函数，实现对 p 中元素所指的 n 个字符串升序排序。

具体代码如下。

```cpp
//C++风格代码
#include <iostream>
#include <cstdio>
#include <cstring>
using namespace std;
void sortStr(char *p[],int n) {             //对字符指针数组指向的各字符串升序排序
    for(int i=0; i<n-1; i++) {              //选择排序，n个元素共n-1趟排序
        for(int j=i+1; j<n; j++) {
            if(strcmp(p[i],p[j])>0){        //若p[i]所指字符串大于若p[j]所指字符串
                swap(p[i],p[j]);            //则交换p[i]、p[j]的指向
            }
        }
    }
}
int main() {
    int n;
    while(cin>>n) {
        char a[10][16],*p[10];              //p数组是指针数组，每个元素是一个字符指针
        for(int i=0; i<n; i++) p[i]=a[i];   //初始化p数组，使p[i]指向字符a[i][0]
        cin.get();                          //吸收换行符
        for(int i=0; i<n; i++)              //用fgets输入字符串
            fgets(p[i],sizeof(char)*16,stdin);
```

```
            sortStr(p,n);
            for(int i=0; i<n; i++)           //用 fputs 输出字符串
                fputs(p[i],stdout);
        }
        return 0;
    }

    //C 风格代码
    #include<stdio.h>
    #include<string.h>
    void sortStr(char *p[],int n) {          //对字符指针数组指向的各字符串升序排序
        int i,j;
        char *pt;
        for(i=0; i<n-1; i++) {               //选择排序，n 个元素共 n-1 趟排序
            for(j=i+1; j<n; j++) {
                if(strcmp(p[i],p[j])>0) {   //若 p[i]所指字符串大于 p[j]所指字符串
                    pt=p[i], p[i]=p[j], p[j]=pt;    //则交换 p[i]、p[j]的指向
                }
            }
        }
    }
    int main() {
        int i,n;
        char a[10][16],*p[10];               //p 数组是指针数组，每个元素是一个字符指针
        while(~scanf("%d",&n)) {
            for(i=0; i<n; i++) p[i]=a[i];    //初始化 p 数组，使 p[i]指向字符 a[i][0]
            getchar();                       //吸收换行符
            for(i=0; i<n; i++) gets(p[i]);   //用 gets 输入字符串
            sortStr(p,n);
            for(i=0; i<n; i++) puts(p[i]);   //用 puts 输出字符串
        }
        return 0;
    }
```

因 PTA 上的 C++编译器不支持 gets 函数，故上述 C++代码用 fgets 函数输入字符串，用 fputs 输出字符串，其函数原型如下：

```
char* fgets(char *str, int n, FILE* stream);
```

fgets 用于从 stream 指定的文件（可为标准输入流 stdin）读入最多由 n 个字符（第 n 个字符一般是换行符'\n'）构成的一行字符串（可包含空格）到字符指针 str 指向的字符数组。当读到 $n-1$ 个字符，或读到换行符，或到达文件末尾时结束输入。fgets 函数若成功执行，则返回 str，否则返回空指针 NULL。

```
int fputs(const char *str, FILE *stream);
```

fputs 用于向参数 stream 指定的文件（可为标准输出流 stdout）写入一个字符串 str（不含字符串结束符'\0'）。fputs 若成功执行，则返回非负整数，否则返回 EOF（−1）。

链表习题解析

8.1 选择题解析

1. 单链表的访问规则是（　　）。
   A. 随机访问　　　　　　　　　　B. 从头指针开始，顺序访问
   C. 从尾指针开始，逆序访问　　　D. 可以顺序访问，也可以逆序访问

解析：
单链表仅有指向后继（后一个结点）的指针，访问链表中的结点时需从头指针开始，依序根据前一个结点的指针域取得后一个结点的地址来访问，即从头（指针）开始、顺序访问，答案选 B。

2. 单链表的结点结构 Node 包含数据域 data、指针域 next，则 next 域存放的是（　　）。
   A. 下一个结点的地址　　　　　　B. 下一个结点的值
   C. 本结点的地址　　　　　　　　D. 本结点的值

解析：
单链表的指针域 next 存放的是下一个结点的地址，答案选 A。

3. 带头结点的单链表的结点结构 Node 包含数据域 data、指针域 next，头指针为 head，则第一个数据结点的数据域值是（　　）。
   A. head->data　　　　　　　　　B. head.data
   C. head.next->data　　　　　　 D. head->next->data

解析：
成员指向运算符"->"的左边是指针变量，成员选择运算符的"."的左边是结构体变量。在带头结点的单链表中，第一个数据结点的地址存放在头结点的指针域 head->next 中，其数据域的值可用 head->next->data 表示，答案选 D。

4. 带头结点的单链表的结点结构 Node 包含数据域 data、指针域 next，当前指针为 p，则使 p 指向下一个结点的语句是（　　）。
   A. p->next=p->next->next;　　　B. p->next=p;
   C. p=p->next;　　　　　　　　　 D. p=p.next

解析：

p 所指结点的后继的地址存放在 p 所指结点的指针域 p->next 中，则使 p 指向下一个结点只需把其地址（可用 p->next 表示）赋值给指针变量 p 即可，答案选 C。

5. 带头结点的单链表的结点结构 Node 包含数据域 data、指针域 next，当前指针为 p，要把 q 所指结点链接到 p 所指结点之后的语句是（　　）。

  A. q->next=p; B. p->next=q; C. p->next=q->next; D. p=q->next;

解析：

设头结点地址为 5000 并保存在头指针 head 中，q 所指结点地址为 6000（保存在指针 q 中）且数据域值为 5，则插入前后的示意图如图 8-1(a)、(b)所示，其中 1、2、3、4 和 5 表示数据域值，1000、2000、3000、4000、5000 和 6000 表示地址值。

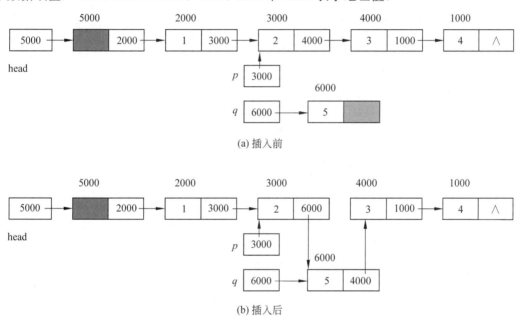

图 8-1 在 p 所指结点之后插入结点

  可见，若要将 q 所指结点链接到链表中，则需把地址值 4000（可用 p->next 表示）存放在 q 所指结点的指针域（q->next）使得 q 所指结点链接到 p 所指结点的后继（由 p->next 指向）之前，且把地址值 6000（可用 q 表示）存放在 p 所指结点的指针域（p->next）使得 q 所指结点链接到 p 所指结点之后，故正确选项为 B。

6. 带头结点的单链表的结点结构 Node 包含数据域 data、指针域 next，头指针为 head，要把 p 所指结点链接到 head 所指结点之后的语句是（　　）。

  A. head->next=p; p->next=head->next;
  B. p->next=head->next; head->next=p;
  C. head->next=p;
  D. p->next=head->next;

解析：

设头结点地址为 5000 并保存在头指针 head 中，p 所指结点地址为 6000（保存在指针 p 中）且数据域值为 5，则插入前后的示意图如图 8-2(a)、(b)所示，其中 1、2、3、4 和 5 表示数据域值，1000、2000、3000、4000、5000 和 6000 表示地址值。

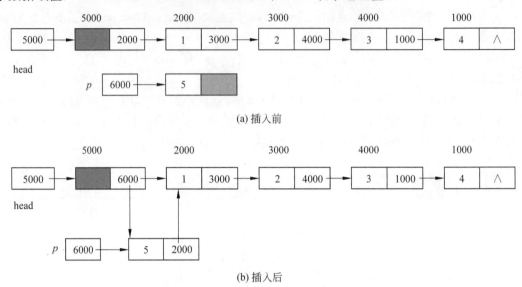

(a) 插入前

(b) 插入后

图 8-2 在 head 所指结点之后插入结点

可见，若要将 p 所指结点链接为 head 所指结点的后继，则需把地址值 2000（可用 head->next 表示）存放在 p 所指结点的指针域（p->next）使得 p 所指结点链接到 head 所指结点的后继（由 head->next 指向）之前，且把地址值 6000（可用 p 表示）存放在 head 所指结点的指针域（head->next）使得 p 所指结点链接到 head 所指结点之后，故正确选项为 B。选项 A 中的两条语句顺序不对，选项 C、D 不够完整。

7. 带头结点的单链表的结点结构 Node 包含数据域 data、指针域 next，头指针为 head，判断链表为空的条件是（　　）。

    A. `head->next=NULL`　　　　B. `head=NULL`
    C. `head->next==NULL`　　　　D. `head.next==NULL`

解析：

等于运算符为"=="，选项 A、B 有误，取指针变量所指成员使用成员指向运算符"->"，选项 D 有误，故答案选 C。另外，根据"带头结点的单链表为空时，仅包含一个头结点且其指针域 head->next 为空指针 NULL"，也可确定答案为 C。

8. 带头结点的单链表的结点结构 Node 包含数据域 data、指针域 next，已知 p、q、r 分别指向链表中连续的三个结点，下面删去 q 所指结点的语句错误的是（　　）。

    A. `p->next=q->next;`　　　　B. `p->next=r;`
    C. `p->next=r->next;`　　　　D. `p->next=p->next->next;`

解析：

设头结点地址为 5000 并保存在头指针 head 中，p、q 和 r 所指结点的地址值分别为 3000、4000 和 1000，则删除前后的示意图如图 8-3(a)、(b)所示，其中 1、2、3 和 4 表示数据域值，1000、2000、3000、4000 和 5000 表示地址值。

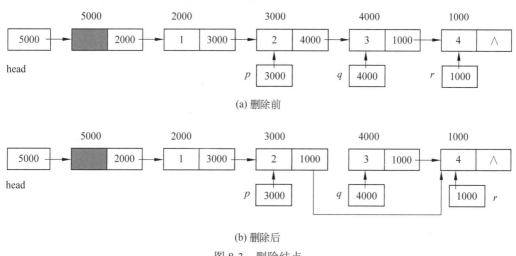

图 8-3 删除结点

可见，删除 q 所指结点仅需把其后继（r 所指结点）的地址（值为 1000，可用 r、q->next、p->next->next 表示）存放到 p 所指结点的指针域（p->next）即可，故选项 A、B、D 都能正确删除 q 所指结点，答案选 C（该语句同时删除 q、r 所指结点）。

8.2 编程题解析

1. 输出链表偶数结点

先输入 N 个整数，按照输入的顺序建立链表。然后遍历并输出偶数位置上的结点信息。

输入格式：

首先输入一个正整数 T，表示测试数据的组数，然后是 T 组测试数据。

每组测试的第一行输入整数的个数 N（$2 \leqslant N$）；第二行依次输入 N 个整数。

输出格式：

对于每组测试，输出该链表偶数位置上的结点的信息。每两个数据之间留一个空格。

输入样例：

```
2
8
12 56 4 6 55 15 33 62
3
1 2 1
```

输出样例：

```
56 6 15 62
```

2

解析:

首先定义表示链表结点的结构体类型 Node,包含数据域 data、指针域 next;然后定义采用尾插法创建顺序链表的函数 create;再定义输出链表偶数结点的函数 output,最后调用 create 函数创建链表,调用 output 函数输出结果。

create 函数采用尾插法创建顺序链表:先创建头结点(数据域不存放有效数据)并由头指针 head 指向,然后循环 n 次,每次新建一个数据结点链接到尾结点(由 p 指向,其初值为 head)之后并使之成为新的尾结点(由 p 指向),最后置尾结点指针域为空指针并返回头指针。

output 函数输出链表中的偶数结点,可按如下处理:指针 p 一开始指向第二个数据结点,即第一个偶数结点,当 p 还有指向时循环:输出 p 所指结点的数据域值,若 p 无后继则结束循环,否则 p 指向后续偶数结点(可能不存在)。

对于"每两个数据之间留一个空格"的要求,可通过一个计数器变量控制。

具体代码如下。

```cpp
//C++风格代码
#include<iostream>
using namespace std;
struct Node {                          //结构体类型
    int data;                          //数据域
    Node *next;                        //指针域
};
Node *create(int n) {                  //创建链表的函数
    Node *head=new Node;               //创建头结点由 head 指向
    head->next=NULL;                   //头结点指针域置为空指针,可省略
    Node *p=head;                      //p 指向尾结点(一开始头结点也是尾结点)
    for(int i=0; i<n; i++) {           //循环 n 次
        Node *s=new Node;              //创建新结点由 s 指向
        cin>>s->data;                  //输入新结点的数据域值
        p->next=s;                     //新结点链接到 p 所指的尾结点之后
        p=s;                           //新结点成为新的尾结点,由 p 指向
    }
    p->next=NULL;                      //尾结点的指针域置为空指针
    return head;                       //返回头指针
}
void output(Node *head) {              //输出链表偶数结点的函数
    int cnt=0;                         //计数器,用于控制每两个数据之间留一个空格
    Node *p=head->next->next;          //p 指向第二个数据结点
    if(!p) return;                     //若不存在第二个数据结点,则返回
    while(p!=NULL) {                   //当 p 还有指向时循环
        if(cnt!=0) cout<<" ";          //若不是第一个数据,则输出一个空格
        cout<<p->data;                 //输出 p 所指的数据域值
        cnt++;                         //计数器增 1
        if(p->next==NULL) break;       //若 p 所指结点之后已无结点,则结束循环
```

```
            p=p->next->next;            //p 指向后续偶数结点（可能不存在）
        }
        cout<<endl;
    }
    int main() {
        int T;
        cin>>T;
        while(T--) {
            int n;
            cin>>n;
            Node *h=create(n);            //调用 create 函数创建链表
            output(h);                    //调用 output 函数输出链表中的偶数结点
        }
        return 0;
    }
```

```
//C 风格代码
#include<stdio.h>
#include<stdlib.h>
struct Node {                            //结构体类型
    int data;                            //数据域
    struct Node *next;                   //指针域
};
struct Node *create(int n) {             //创建链表的函数
    int i;
    //创建头结点由 head 指向
    struct Node *head=(struct Node *)malloc(sizeof(struct Node));
    struct Node *p=head,*s;
    head->next=NULL;                     //头结点指针域置为空指针，可省略
    for(i=0; i<n; i++) {                 //循环 n 次
        //创建新结点由 s 指向
        s=(struct Node *)malloc(sizeof(struct Node));
        scanf("%d",&s->data);            //输入新结点的数据域值
        p->next=s;                       //新结点链接到 p 所指的尾结点之后
        p=s;                             //新结点成为新的尾结点，由 p 指向
    }
    p->next=NULL;                        //尾结点的指针域置为空指针
    return head;                         //返回头指针
}
void output(struct Node *head) {         //输出链表偶数结点的函数
    int cnt=0;                           //计数器，用于控制每两个数据之间留一个空格
    struct Node *p=head->next->next;     //p 指向第二个数据结点
    if(!p) return;                       //若不存在第二个数据结点，则返回
    while(p!=NULL) {                     //当 p 还有指向时循环
        if(cnt!=0) printf(" ");          //若不是第一个数据，则输出一个空格
        printf("%d",p->data);            //输出 p 所指的数据域值
        cnt++;                           //计数器增 1
```

```
            if(p->next==NULL) break;       //若 p 所指结点之后已无结点，则结束循环
            p=p->next->next;               //p 指向下一个偶数结点（可能不存在）
        }
        printf("\n");
    }
    int main() {
        int T,n;
        struct Node *h;
        scanf("%d",&T);
        while(T--) {
            scanf("%d",&n);
            h=create(n);                   //调用 create 函数创建链表
            output(h);                     //调用 output 函数输出链表中的偶数结点
        }
        return 0;
    }
```

本题还有其他解法，请读者自行思考并编程实现。

2. 使用链表进行逆置

对于输入的若干学生的信息，利用链表进行存储，并将学生的信息逆序输出。

要求将学生的完整信息存放在链表的结点中。通过链表的操作完成信息的逆序输出。

输入格式：

首先输入一个正整数 T，表示测试数据的组数，然后是 T 组测试数据。

每组测试数据首先输入一个正整数 n，表示学生的个数；然后是 n 行信息，分别表示学生的姓名（不含空格且长度不超过 10 的字符串）和年龄（正整数）。

输出格式：

对于每组测试，逆序输出学生信息（参看输出样例）。

输入样例：

```
1
3
Zhangsan 20
Lisi 21
Wangwu 20
```

输出样例：

```
Wangwu 20
Lisi 21
Zhangsan 20
```

解析：

首先定义表示链表结点的结构体类型 Node，包含姓名域 name、年龄域 age 和指针域 next；然后定义采用尾插法创建顺序链表的函数 create、遍历链表的函数 output、逆置链表的函数 reverseList，最后调用 create 函数创建链表、调用 reverseList 函数逆置链表、调用 output

函数输出结果。

create 函数采用尾插法创建顺序链表：先创建头结点（数据域不存放有效数据）并由头指针 head 指向，然后循环 n 次，每次新建一个数据结点链接到尾结点（由 p 指向，其初值为 head）之后并使之成为新的尾结点（由 p 指向），最后置尾结点指针域为空指针并返回头指针。

output 函数输出链表中的各结点数据域的值，可按如下处理：指针 p 一开始指向第一个数据结点，当 p 还有指向时循环：输出 p 所指结点的姓名域、年龄域，p 指向下一个结点。

reverseList 函数逆置链表，可先使指针 q 指向第一个数据结点，然后断开头结点（由头指针 head 指向）与第一个数据结点之间的链（使 head->next 为 NULL），当 q 还有指向时循环处理：将 q 所指结点不断地取下来（为能取得后继，先使 p 指向 q 所指结点的后继）链接到头结点之后、第一个数据结点（第一次为 NULL）之前，再使 q 指向其原来所指结点的后继（由 p 指向）。

具体代码如下。

```cpp
//C++风格代码
#include <iostream>
#include <string>
using namespace std;
struct Node {                              //结点结构体类型
    string name;                           //姓名域 name
    int age;                               //年龄域 age
    Node* next;                            //指针域 next
};
Node *create(int n) {                      //创建链表的函数
    Node *head=new Node;                   //创建头结点由 head 指向
    Node *p=head;                          //p 指向尾结点（一开始头结点也是尾结点）
    for(int i=0; i<n; i++) {               //循环 n 次
        Node *s=new Node;                  //创建新结点由 s 指向
        cin>>s->name>>s->age;              //输入新结点的数据域值
        p->next=s;                         //新结点链接到 p 所指的尾结点之后
        p=s;                               //新结点成为新的尾结点，由 p 指向
    }
    p->next=NULL;                          //尾结点的指针域置为空指针
    return head;                           //返回头指针
}
void output(Node *head) {                  //遍历链表
    Node *p=head->next;                    //p 指向第一个数据结点
    while(p!=NULL) {                       //当 p 还有指向时输出数据域的值，并使 p 指向后继
        cout<<p->name<<" "<<p->age<<endl;
        p=p->next;
    }
}
void reverseList(Node *head) {             //逆置链表
    if (head->next==NULL) return;          //若是空链表，则无须逆置
```

```cpp
        Node *p, *q=head->next;              //指针q指向第一个数据结点
        head->next=NULL;                     //断开头结点与第一个数据结点之间的链
        while(q!=NULL) {                     //当q还有指向时循环
            p=q->next;                       //指针p指向q所指结点的后继
            q->next=head->next;              //取下q所指结点链接到第一个数据结点之前
            head->next=q;                    //q所指结点链接到头结点之后
            q=p;                             //q指向其原来所指结点的后继
        }
    }
    int main() {
        int T;
        cin>>T;
        while(T--) {
            int n;
            cin>>n;
            Node *head=create(n);            //调用create函数创建链表
            reverseList(head);               //调用reverseList函数逆置链表
            output(head);                    //调用output函数遍历链表
        }
        return 0;
    }

//C风格代码
#include<stdio.h>
#include<stdlib.h>
struct Node {                                //结点结构体类型
    char name[11];                           //姓名域name
    int age;                                 //年龄域age
    struct Node* next;                       //指针域next
};
struct Node *create(int n) {                 //创建链表的函数
    int i;
    //创建头结点由head指向
    struct Node *head=(struct Node *)malloc(sizeof(struct Node));
    struct Node *p=head,*s;
    for(i=0; i<n; i++) {                     //循环n次
        //创建新结点由s指向
        s=(struct Node *)malloc(sizeof(struct Node));
        scanf("%s %d",s->name,&s->age);//输入新结点的数据域值
        p->next=s;                           //新结点链接到p所指的尾结点之后
        p=s;                                 //新结点成为新的尾结点,由p指向
    }
    p->next=NULL;                            //尾结点的指针域置为空指针
    return head;                             //返回头指针
}
void output(struct Node *head) {             //遍历链表
    struct Node *p=head->next;               //p指向第一个数据结点
```

```
    while(p!=NULL) {                      //当p还有指向时输出数据域的值，并使p指向后继
        printf("%s %d\n",p->name,p->age);
        p=p->next;
    }
}
void reverseList(struct Node *head) {     //逆置链表
    struct Node *p, *q=head->next;        //指针q指向第一个数据结点(可能为NULL)
    if (head->next==NULL) return;         //若是空链表，则无须逆置
    head->next=NULL;                      //断开头结点与第一个数据结点之间的链
    while(q!=NULL) {                      //当q还有指向时循环
        p=q->next;                        //指针p指向q所指结点的后继
        q->next=head->next;               //取下q所指结点链接到第一个数据结点之前
        head->next=q;                     //q所指结点链接到头结点之后
        q=p;                              //q指向其原来所指结点的后继
    }
}
int main() {
    int T,n;
    struct Node *s;
    scanf("%d",&T);
    while(T--) {
        scanf("%d",&n);
        s=create(n);                      //调用create函数创建链表
        reverseList(s);                   //调用reverseList函数逆置链表
        output(s);                        //调用output函数遍历链表
    }
    return 0;
}
```

逆置链表的过程类似于采用头插法创建逆序链表，读者可画出示意图进一步理解。

3. 链表排序

请以单链表存储 n 个整数，并实现这些整数的非递减排序。

输入格式：

测试数据有多组，处理到文件尾。每组测试输入两行，第一行输入一个整数 n，第二行输入 n 个整数。

输出格式：

对于每组测试，输出排序后的结果，每两个数据之间留一个空格。

输入样例：

6
3 5 1 2 8 6

输出样例：

1 2 3 5 6 8

解析：

首先定义表示链表结点的结构体类型 Node，包含数据域 data 和指针域 next；然后定义采用尾插法创建顺序链表的函数 create、遍历链表的函数 output、链表排序的函数 sortList，最后调用 create 函数创建链表、调用 sortList 函数对链表排序、调用 output 函数输出结果。

create 函数采用尾插法创建顺序链表：先创建头结点（数据域不存放有效数据）并由头指针 head 指向，然后循环 n 次，每次新建一个数据结点链接到尾结点（由 p 指向，其初值为 head）之后使之成为新的尾结点（由 p 指向），最后置尾结点指针域为空指针并返回头指针。

output 函数输出链表中的各结点数据域的值，可按如下处理：指针 p 一开始指向第一个数据结点，当 p 还有指向时循环：若 p 所指结点不是第一个数据结点，则先输出一个空格，输出 p 所指结点的数据域值，p 指向下一个结点。

sortList 函数对链表排序，这里采用选择排序的思想，使指针 p 从指向第一个数据结点到指向倒数第二个结点（相当于 n 个数据时共排序 n−1 趟），用指针 r 指向 p 所指结点，然后将 r 所指结点与 p 所指结点之后结点（由指针 q 指向）比较，若 q 所指结点的数据域值更小，则令 r 指向 q 所指结点，最后判断当前最小数结点（由 r 指向）是否在当前最前位置（由 p 指向），若不是，则交换 p、r 指向结点的数据域值。

具体代码如下。

```cpp
//C++风格代码
#include <iostream>
using namespace std;
struct Node {                              //结点结构体类型
    int data;                              //数据域 data
    Node* next;                            //指针域 next
};
Node *create(int n) {                      //创建链表的函数
    Node *head=new Node;                   //创建头结点由 head 指向
    Node *p=head;                          //p 指向尾结点（一开始头结点也是尾结点）
    for(int i=0; i<n; i++) {               //循环 n 次
        Node *s=new Node;                  //创建新结点由 s 指向
        cin>>s->data;                      //输入新结点的数据域值
        p->next=s;                         //新结点链接到 p 所指的尾结点之后
        p=s;                               //新结点成为新的尾结点，由 p 指向
    }
    p->next=NULL;                          //尾结点的指针域置为空指针
    return head;                           //返回头指针
}
void output(Node *head) {                  //遍历链表
    Node *p=head->next;                    //p 指向第一个数据结点
    while(p!=NULL) {                       //当 p 还有指向时循环
        if (p!=head->next) cout<<" ";      //若不是第一个数据，则先输出一个空格
        cout<<p->data;                     //输出 p 所指结点的数据域值
        p=p->next;                         //p 指向下一个结点
    }
```

```cpp
            cout <<endl;
}
void sortList(Node *head) {                    //链表选择排序
    //控制 p 从指向第一个数据结点到指向倒数第二个结点，即若有 n 个数据，则循环 n-1 次
    for(Node *p=head->next; p->next!=NULL; p=p->next ) {
        Node *r=p;                             //指针 r 指向数据域值最小的结点，初值为 p
        //将 r 所指结点与 p 所指结点之后的结点（由 q 指向）比较，若 q 所指数据域值更小，
        //则使 r 指向 q 所指结点
        for(Node* q=p->next; q!=NULL; q=q->next) {
            if (q->data<r->data) r=q;
        }
        //若当前最小数结点（由 r 指向）不在当前最前位置（由 p 指向），则交换数据域值
        if (r!=p) swap(r->data, p->data);
    }
}
int main() {
    int n;
    while(cin>>n) {
        Node* head=create(n);                  //调用 create 函数创建顺序链表
        sortList(head);                        //调用 sortList 实现链表排序
        output(head);                          //调用 output 遍历链表
    }
    return 0;
}


//C 风格代码
#include<stdio.h>
#include<stdlib.h>
struct Node {                                  //结点结构体类型
    int data;                                  //数据域 data
    struct Node* next;                         //指针域 next
};
struct Node *create(int n) {                   //创建链表的函数
    //创建头结点由 head 指向
    struct Node *head=(struct Node *)malloc(sizeof(struct Node));
    struct Node *p=head, *s;                   //p 指向尾结点（一开始头结点也是尾结点）
    int i;
    for(i=0; i<n; i++) {                       //循环 n 次
        //创建新结点由 s 指向
        s=(struct Node *)malloc(sizeof(struct Node));
        scanf("%d",&s->data);                  //输入新结点的数据域值
        p->next=s;                             //新结点链接到 p 所指的尾结点之后
        p=s;                                   //新结点成为新的尾结点，由 p 指向
    }
    p->next=NULL;                              //尾结点的指针域置为空指针
    return head;                               //返回头指针
}
```

```c
void output(struct Node *head) {                //遍历链表
    struct Node *p=head->next;                  //p 指向第一个数据结点
    while(p!=NULL) {                            //当 p 还有指向时循环
        if (p!=head->next) printf(" ");         //若不是第一个数据，则先输出一个空格
        printf("%d",p->data);                   //输出 p 所指结点的数据域值
        p=p->next;                              //p 指向下一个结点
    }
    printf("\n");
}
void sortList(struct Node *head) {              //链表选择排序
    struct Node *p, *q, *r;
    int t;
    //控制 p 从指向第一个数据结点到指向倒数第二个结点，即若有 n 个数据，则循环 n-1 次
    for(p=head->next; p->next!=NULL; p=p->next ) {
        r=p;                                    //指针 r 指向数据域值最小的结点，初值为 p
        //将 r 所指结点与 p 所指结点之后的结点（由 q 指向）比较，若 q 所指数据域值更小，
        //则使 r 指向 q 所指结点
        for(q=p->next; q!=NULL; q=q->next) {
            if (q->data<r->data) r=q;
        }
        //若当前最小数结点（由 r 指向）不在当前最前位置（由 p 指向),则交换数据域值
        if (r!=p) t=r->data, r->data=p->data, p->data=t;
    }
}
int main() {
    int n;
    struct Node* head;
    while(~scanf("%d",&n)) {
        head=create(n);                         //调用 create 函数创建顺序链表
        sortList(head);                         //调用 sortList 实现链表排序
        output(head);                           //调用 output 遍历链表
    }
    return 0;
}
```

本题还有其他解法，请读者自行思考并编程实现。

4. 合并升序单链表

各依次输入递增有序的若干个整数，分别建立两个单链表，将这两个递增的有序单链表合并为一个递增的有序链表。请尽量利用原有结点空间。合并后的单链表不允许有重复的数据。

输入格式：

首先输入一个正整数 *T*，表示测试数据的组数，然后是 *T* 组测试数据。每组测试数据首先在第一行输入数据个数 *n*；每组测试数据的第二行和第三行分别输入 *n* 个递增有序的整数。

输出格式：

对于每组测试，输出合并后的单链表，每两个数据之间留一个空格。

输入样例：

1
5
1 3 5 7 9
4 6 8 10 12

输出样例：

1 3 4 5 6 7 8 9 10 12

解析：

首先定义表示链表结点的结构体类型 Node，包含数据域 data 和指针域 next；然后定义采用尾插法创建顺序链表的函数 create、遍历链表的函数 output、合并升序链表的函数 mergeList，最后调用 create 函数创建链表、调用 mergeList 函数合并升序链表、调用 output 函数输出结果。

create 函数采用尾插法创建顺序链表：先创建头结点（数据域不存放有效数据）并由头指针 head 指向，然后循环 n 次，每次新建一个数据结点链接到尾结点（由 p 指向，其初值为 head）之后并使之成为新的尾结点（由 p 指向），最后置尾结点指针域为空指针并返回头指针。

output 函数输出链表中的各结点数据域的值，可按如下处理：指针 p 一开始指向第一个数据结点，当 p 还有指向时循环：若 p 所指结点不是第一个数据结点，则先输出一个空格，输出 p 所指结点的数据域值，p 指向下一个结点。

mergeList 函数合并升序链表，可采用依次比较两个链表的当前元素并将其中小者链接到结果链表尾部的思想，使指针 pa、pb 分别指向第一、二个链表的第一个数据结点，以第一个链表的头结点作为结果链表的头结点并用指针 pc 指向结果链表的尾结点（开始时头结点也是尾结点），比较 pa、pb 所指结点的数据域值将其中小者对应结点链接到 pc 所指结点之后，然后使 pc 指向新链入结点并使 pa 或 pb 往下指向下一个结点；因结果链表不含重复元素，故若 pa、pb 所指结点的数据域值相等，则仅链接 pa（或 pb）所指结点到结果链表中并删除 pb（或 pa）所指结点。

具体代码如下。

```cpp
//C++风格代码
#include<iostream>
using namespace std;
struct Node {                            //结点结构体类型
    int data;                            //数据域 data
    Node* next;                          //指针域 next
};
Node *create(int n) {                    //创建链表的函数
    Node *head=new Node;                 //创建头结点由 head 指向
    Node *p=head;                        //p 指向尾结点（一开始头结点也是尾结点）
    for(int i=0; i<n; i++) {             //循环 n 次
        Node *s=new Node;                //创建新结点由 s 指向
```

```cpp
            cin>>s->data;                         //输入新结点的数据域值
            p->next=s;                            //新结点链接到 p 所指的尾结点之后
            p=s;                                  //新结点成为新的尾结点,由 p 指向
        }
        p->next=NULL;                             //尾结点的指针域置为空指针
        return head;                              //返回头指针
    }
    void output(Node *head) {                     //遍历链表
        Node *p=head->next;                       //p 指向第一个数据结点
        while(p!=NULL) {                          //当 p 还有指向时循环
            if (p!=head->next) cout<<" ";         //若不是第一个数据,则先输出一个空格
            cout<<p->data;                        //输出 p 所指结点的数据域值
            p=p->next;                            //p 指向下一个结点
        }
        cout<<endl;
    }
    //合并升序单链表
    void mergeList(Node *head_a, Node *head_b) {
        Node *pa, *pb, *pc;
        pa=head_a->next;                          //pa 指向第一个链表的第一个数据结点
        pb=head_b->next;                          //pb 指向第二个链表的第一个数据结点
        //以第一个链表的头结点作为结果链表的头结点,用 pc 指向结果链表的尾结点,
        //因一开始结果链表仅有一个头结点,故头结点也是尾结点
        pc=head_a;
        while(pa && pb) {                         //当 pa、pb 都还有指向时循环
            if(pa->data<pb->data) {               //若 pa 所指结点数据域值小于 pb 所指结点
                pc->next=pa;                      //则将 pa 所指结点链接到 pc 所指结点之后
                pc=pa;                            //pa 所指结点成为结果链表的尾结点
                pa=pa->next;                      //pa 指向下一个结点
            }
            else if(pa->data>pb->data) {          //若 pb 所指结点数据域值小于 pa 所指结点
                pc->next=pb;                      //则将 pb 所指结点链接到 pc 所指结点之后
                pc=pb;                            //pb 所指结点成为结果链表的尾结点
                pb=pb->next;                      //pb 指向下一个结点
            }
            else {                                //若 pa、pb 所指结点数据域值相等
                pc->next=pa;                      //则将 pa 所指结点链接到 pc 所指结点之后
                pc=pa;                            //pa 所指结点成为结果链表的尾结点
                pa=pa->next;                      //pa 指向下一个结点
                Node *q=pb->next;                 //暂存 pb 所指结点的后继的指针到 q 中
                delete pb;                        //释放 pb 所指结点空间
                pb=q;                             //pb 指向其原来所指结点的后继
            }
        }
        //将第一个链表或第二个链表的剩余部分链接到结果链表中
        pc->next=pa ? pa : pb;
        delete head_b;                            //释放第二个链表的头结点内存空间
```

```cpp
}
int main() {
    int T;
    cin>>T;
    while(T--) {
        int n;
        cin>>n;
        Node *a=create(n);              //调用 create 函数创建第一个链表
        Node *b=create(n);              //调用 create 函数创建第二个链表
        mergeList(a,b);                 //调用 mergeList 函数合并升序链表
        output(a);                      //调用 output 函数遍历链表
    }
    return 0;
}

//C 风格代码
#include<stdio.h>
#include<stdlib.h>
struct Node {                           //结点结构体类型
    int data;                           //数据域 data
    struct Node* next;                  //指针域 next
};
struct Node *create(int n) {            //创建链表的函数
    //创建头结点由 head 指向
    struct Node *head=(struct Node *)malloc(sizeof(struct Node));
    struct Node *p=head, *s;            //p 指向尾结点（一开始头结点也是尾结点）
    int i;
    for(i=0; i<n; i++) {                //循环 n 次
        //创建新结点由 s 指向
        s=(struct Node *)malloc(sizeof(struct Node));
        scanf("%d",&s->data);           //输入新结点的数据域值
        p->next=s;                      //新结点链接到 p 所指的尾结点之后
        p=s;                            //新结点成为新的尾结点，由 p 指向
    }
    p->next=NULL;                       //尾结点的指针域置为空指针
    return head;                        //返回头指针
}
void output(struct Node *head) {        //遍历链表
    struct Node *p=head->next;          //p 指向第一个数据结点
    while(p!=NULL) {                    //当 p 还有指向时循环
        if (p!=head->next) printf(" "); //若不是第一个数据，则先输出一个空格
        printf("%d",p->data);           //输出 p 所指结点的数据域值
        p=p->next;                      //p 指向下一个结点
    }
    printf("\n");
}
//合并升序单链表
```

```c
void mergeList(struct Node *head_a, struct Node *head_b) {
    struct Node *pa, *pb, *pc, *q;
    pa=head_a->next;                            //pa 指向第一个链表的第一个数据结点
    pb=head_b->next;                            //pb 指向第二个链表的第一个数据结点
    //以第一个链表的头结点作为结果链表的头结点，用 pc 指向结果链表的尾结点，
    //因一开始结果链表仅有一个头结点，故头结点也是尾结点
    pc=head_a;
    while(pa && pb) {                           //当 pa、pb 都还有指向时循环
        if(pa->data<pb->data) {                 //若 pa 所指结点数据域值小于 pb 所指结点
            pc->next=pa;                        //则将 pa 所指结点链接到 pc 所指结点之后
            pc=pa;                              //pa 所指结点成为结果链表的尾结点
            pa=pa->next;                        //pa 指向下一个结点
        }
        else if(pa->data>pb->data) {            //若 pb 所指结点数据域值小于 pa 所指结点
            pc->next=pb;                        //则将 pb 所指结点链接到 pc 所指结点之后
            pc=pb;                              //pb 所指结点成为结果链表的尾结点
            pb=pb->next;                        //pb 指向下一个结点
        }
        else {                                  //若 pa、pb 所指结点数据域值相等
            pc->next=pa;                        //则将 pa 所指结点链接到 pc 所指结点之后
            pc=pa;                              //pa 所指结点成为结果链表的尾结点
            pa=pa->next;                        //pa 指向下一个结点
            q=pb->next;                         //暂存 pb 所指结点的后继的指针到 q 中
            free(pb);                           //释放 pb 所指结点内存空间
            pb=q;                               //pb 指向其原来所指结点的后继
        }
    }
    //将第一个链表或第二个链表的剩余部分链接到结果链表中
    pc->next=pa ? pa : pb;
    free(head_b);                               //释放第二个链表的头结点内存空间
}
int main() {
    int T,n;
    struct Node *a,*b;
    scanf("%d",&T);
    while(T--) {
        scanf("%d",&n);
        a=create(n);                            //调用 create 函数创建第一个链表
        b=create(n);                            //调用 create 函数创建第二个链表
        mergeList(a,b);                         //调用 mergeList 函数合并升序链表
        output(a);                              //调用 output 函数遍历链表
    }
    return 0;
}
```

读者可画出操作示意图进一步理解 mergeList 函数的实现。本题还有其他解法，请读者自行思考并编程实现。

5. 拆分单链表

输入若干个整数,先建立单链表 A,然后将单链表 A 分解为两个具有相同结构的链表 B、C,其中 B 链表的结点为 A 链表中值小于零的结点,而 C 链表的结点为 A 链表中值大于零的结点。请尽量利用原有结点空间。

输入格式:

首先输入一个正整数 T,表示测试数据的组数,然后是 T 组测试数据。每组测试数据在一行上输入数据个数 n($2 \leq n$)及 n 个整数(不含 0,且正数、负数至少各有 1 个)。

输出格式:

对于每组测试,分两行按原数据顺序输出链表 B 和 C,每行中的每两个数据之间留一个空格。

输入样例:

```
1
10 49 53 -26 79 -69 -69 18 -96 -11 68
```

输出样例:

```
-26 -69 -69 -96 -11
49 53 79 18 68
```

解析:

首先定义表示链表结点的结构体类型 Node,包含数据域 data 和指针域 next;然后定义采用尾插法创建顺序链表的函数 create、遍历链表的函数 output、拆分链表的函数 splitList,最后调用 create 函数创建链表、调用 splitList 函数拆分链表、调用 output 函数输出结果。

create 函数采用尾插法创建顺序链表:先创建头结点(数据域不存放有效数据)并由头指针 head 指向,然后循环 n 次,每次新建一个数据结点链接到尾结点(由 p 指向,其初值为 head)之后并使之成为新的尾结点(由 p 指向),最后置尾结点指针域为空指针并返回头指针。

output 函数输出链表中的各结点数据域的值,可按如下处理:指针 p 一开始指向第一个数据结点,当 p 还有指向时循环:若 p 所指结点不是第一个数据结点,则先输出一个空格,输出 p 所指结点的数据域值,p 指向下一个结点。

splitList 函数拆分链表,可采用将原链表中的负数结点依次取下并链接到负数链表的尾部、正数结点依次取下并链接到正数链表的尾部的思想,新增一个结点作为负数链表的头结点,用指针 pb 指向负数链表的尾结点(初始为头指针),用指针 pc 指向正数链表的尾结点(初始为头指针),用 pa 指向原链表的数据结点,若 pa 所指结点数据域值为负,则将之链接到 pb 所指结点之后并使之成为负数链表的尾结点,若 pa 所指结点数据域值为正,则将之链接到 pc 所指结点之后并使之成为正数链表的尾结点。

具体代码如下。

```
//C++风格代码
#include<iostream>
using namespace std;
```

```cpp
    struct Node {                                    //结点结构体类型
        int data;                                    //数据域 data
        Node* next;                                  //指针域 next
    };
    Node *create(int n) {                            //创建链表的函数
        Node *head=new Node;                         //创建头结点由 head 指向
        Node *p=head;                                //p 指向尾结点(一开始头结点也是尾结点)
        for(int i=0; i<n; i++) {                     //循环 n 次
            Node *s=new Node;                        //创建新结点由 s 指向
            cin>>s->data;                            //输入新结点的数据域值
            p->next=s;                               //新结点链接到 p 所指的尾结点之后
            p=s;                                     //新结点成为新的尾结点,由 p 指向
        }
        p->next=NULL;                                //尾结点的指针域置为空指针
        return head;                                 //返回头指针
    }
    void output(Node *head) {                        //遍历链表
        Node *p=head->next;                          //p 指向第一个数据结点
        while(p!=NULL) {                             //当 p 还有指向时循环
            if (p!=head->next) cout<<" ";            //若不是第一个数据,则先输出一个空格
            cout<<p->data;                           //输出 p 所指结点的数据域值
            p=p->next;                               //p 指向下一个结点
        }
        cout<<endl;
    }
    //拆分链表
    void splitList(Node *head_a, Node *head_b) {
        Node *pa,*pb,*pc;
        pa=head_a->next;                             //pa 指向原链表的第一个数据结点
        pb=head_b;                                   //pb 指向负数链表的尾结点(初始为头指针)
        pc=head_a;                                   //pc 指向正数链表的尾结点(初始为头指针)
        while(pa!=NULL) {                            //当原链表中还有结点时循环处理
            if(pa->data<0) {                         //若 pa 所指结点数据域值为负
                pb->next=pa;                         //则将 pa 所指结点链接到 pb 所指结点之后
                pb=pa;                               //pb 指向负数链表中新的尾结点
            }
            else{                                    //若 pa 所指结点数据域值为正
                pc->next=pa;                         //则将 pa 所指结点链接到 pc 所指结点之后
                pc=pa;                               //pc 指向正数链表中新的尾结点
            }
            pa=pa->next;                             //pa 指向原链表的下一个结点
        }
        pb->next=pc->next=NULL;                      //置两个结果链表的尾结点指针域为空指针
    }
    int main() {
        int T;
        cin>>T;
```

```c
        while(T--) {
            int n;
            cin>>n;
            Node *a=create(n);              //调用 create 函数创建链表
            Node *b=new Node;               //创建一个新结点作为负数链表的头结点
            splitList(a,b);                 //调用 splitList 函数拆分链表
            output(b);                      //调用 output 函数遍历负数链表
            output(a);                      //调用 output 函数遍历正数链表
        }
        return 0;
}

//C 风格代码
#include<stdio.h>
#include<stdlib.h>
struct Node {                               //结点结构体类型
    int data;                               //数据域 data
    struct Node* next;                      //指针域 next
};
struct Node *create(int n) {                //创建链表的函数
    //创建头结点由 head 指向
    struct Node *head=(struct Node *)malloc(sizeof(struct Node));
    struct Node *p=head, *s;                //p 指向尾结点（一开始头结点也是尾结点）
    int i;
    for(i=0; i<n; i++) {                    //循环 n 次
        //创建新结点由 s 指向
        s=(struct Node *)malloc(sizeof(struct Node));
        scanf("%d",&s->data);               //输入新结点的数据域值
        p->next=s;                          //新结点链接到 p 所指的尾结点之后
        p=s;                                //新结点成为新的尾结点，由 p 指向
    }
    p->next=NULL;                           //尾结点的指针域置为空指针
    return head;                            //返回头指针
}
void output(struct Node *head) {            //遍历链表
    struct Node *p=head->next;              //p 指向第一个数据结点
    while(p!=NULL) {                        //当 p 还有指向时循环
        if (p!=head->next) printf(" ");     //若不是第一个数据，则先输出一个空格
        printf("%d",p->data);               //输出 p 所指结点的数据域值
        p=p->next;                          //p 指向下一个结点
    }
    printf("\n");
}
//拆分链表
void splitList(struct Node *head_a,struct Node *head_b) {
    struct Node *pa,*pb,*pc;
    pa=head_a->next;                        //pa 指向原链表的第一个数据结点
```

```c
            pb=head_b;                          //pb 指向负数链表的尾结点（初始为头指针）
            pc=head_a;                          //pc 指向正数链表的尾结点（初始为头指针）
            while(pa!=NULL) {                   //当原链表中还有结点时循环处理
                if(pa->data<0) {                //若 pa 所指结点数据域值为负
                    pb->next=pa;                //则将 pa 所指结点链接到 pb 所指结点之后
                    pb=pa;                      //pb 指向负数链表中新的尾结点
                }
                else{                           //若 pa 所指结点数据域值为正
                    pc->next=pa;                //则将 pa 所指结点链接到 pc 所指结点之后
                    pc=pa;                      //pc 指向正数链表中新的尾结点
                }
                pa=pa->next;                    //pa 指向原链表的下一个结点
            }
            pb->next=pc->next=NULL;             //置两个结果链表的尾结点指针域为空指针
        }
        int main() {
            int T, n;
            struct Node *a, *b;
            scanf("%d",&T);
            while(T--) {
                scanf("%d",&n);
                a=create(n);                    //调用 create 函数创建链表
                //创建一个新结点作为负数链表的头结点
                b=(struct Node *) malloc(sizeof(struct Node));
                splitList(a,b);                 //调用 splitList 函数拆分链表
                output(b);                      //调用 output 函数遍历链表
                output(a);                      //调用 output 函数遍历链表
            }
            return 0;
        }
```

读者可画出操作示意图进一步理解 splitList 函数的实现。本题还有其他解法，请读者自行思考并编程实现。

6. 排队看病

大家都知道看病是要排队的，但是医院里排队还是有讲究的。由于各种原因，不能根据简单的先来先服务的原则。

为简便起见，假设医院只允许排一个队伍，并且规定了 5 种不同的优先级。级别为 5 的优先权最高，级别为 1 的优先权最低。

显然，优先级高的病人可以插在比他优先级低的病人的前面。而优先级相同的病人，则按照先来先服务的原则。

请使用单链表来模拟这个排队过程。

输入格式：

首先输入一个正整数 T，表示测试数据的组数，然后是 T 组测试数据。每组数据第一行输入一个正整数 N（0<N≤50）表示发生事件的数目。

接下来输入 N 行分别表示发生的事件。

一共有 2 种事件：

1："IN A"表示一个拥有优先级 A（$0<A\leq 5$）的病人进入队列。

2："OUT"表示排在队头的病人诊治完毕，离开医院。

说明：病人的编号（ID）的定义为：在一组测试中，"IN A"事件（也就是进入队列事件）发生第 K 次时，进来的病人 ID 即为 K。ID 从 1 开始编号。

输出格式：

对于每组测试，对于每个"IN A"事件，请按序输出当前的排队状态，要求从头到尾输出每个人的编号，中间用一个空格分隔。

输入样例：

```
2
7
IN 1
IN 2
OUT
IN 1
IN 3
OUT
IN 1
3
IN 4
OUT
IN 2
```

输出样例：

```
1
2 1
1 3
4 1 3
1 3 5
1
2
```

解析：

首先定义表示链表结点的结构体类型 Node，包含编号域 id、优先级域 priority 和指针域 next；然后定义在链表的指针 p 所指结点之后插入一个结点的函数 insert、遍历链表的函数 output，最后依题意进行入队和出队的模拟处理。

insert 函数中根据传入的编号 id 和优先级 priority 新建结点由 q 指向，并将该结点链接到 p 所指结点之后。

output 函数输出链表中的各结点编号域的值，可按如下处理：指针 p 一开始指向第一个数据结点，当 p 还有指向时循环：若 p 所指结点不是第一个数据结点，则先输出一个空格，输出 p 所指结点的编号域值，p 指向下一个结点。

模拟处理前先创建空链表（仅包含一个头结点），人数计数器 cnt 清 0，模拟处理过程中，若输入的字符串为 IN，则输入优先级 x，再根据插入位置是在第一个位置（x 的优先级最大或第一次插入）、最后一个位置（链表中不存在优先级小于 x 的结点）和中间位置三种不同情况调用 insert 函数在链表中插入结点，其中，插入中间位置需查找到某个优先级小于 x 的结点，并将新结点插入到该结点（设由 p->next 指向）之前；若输入的字符串为 OUT，则删除链表中的第一个数据结点。

具体代码如下。

```cpp
//C++风格代码
#include<iostream>
#include<string>
using namespace std;
struct Node {                               //结点结构体类型
    int id;                                 //编号域 id
    int priority;                           //优先级域 priority
    Node *next;                             //指针域 next
};
//插入函数：在以 head 为头指针的链表中 p 所指结点后插入编号为 id、优先级为 priority 的结点
void insert(Node *head, Node *p, int id, int priority) {
    Node *q=new Node;                       //新建结点由 q 指向
    q->id=id;                               //给新结点的 id 域赋值
    q->priority=priority;                   //给新结点的 priority 域赋值
    q->next=p->next;                        //新结点链接到 p 所指结点的后继之前
    p->next=q;                              //新结点链接到 p 所指结点之后
}
void output(Node *head) {                   //遍历链表
    Node* p=head->next;                     //p 指向第一个数据结点
    while (p) {                             //当 p 还有指向时循环
        if (p!=head->next) cout<<" ";       //若不是第一个数据，则先输出一个空格
        cout<<p->id;                        //输出 p 所指结点的编号域
        p=p->next;                          //p 指向下一个结点
    }
    cout<<endl;
}
int main() {
    int T;
    cin>>T;
    while(T--) {
        Node *head=new Node;                //创建头结点
        head->next=NULL;                    //头结点的指针域置为空指针
        Node *p;
        int n, cnt=0;                       //cnt 存放病人编号，初值为 0
        cin>>n;
        for(int i=1; i<=n; i++) {           //循环 n 次
            string s;
            int x;
```

```cpp
            cin>>s;                         //输入字符串
            if(s=="IN") {                   //若输入字符串为"IN"
                cin>>x;                     //输入优先级
                cnt++;                      //cnt 增 1
                if(i==1) {                  //若是第 1 个病人,则作为第 1 个结点插入
                    insert(head,head,1,x);  //调用 insert 函数插入为第 1 个结点
                }
                else {                      //若不是第 1 个病人,则查找插入位置
                    p=head;                 //p 指向头结点
                    bool f=false;           //标记变量 f 置为 false 表示未找到插入位置
                    while(p->next!=NULL){   //当 p 还未指向最后一个结点时循环
                        //若 p 所指结点的后继的优先级小于当前病人的优先级,
                        //则将新来病人插入到 p 所指结点之后
                        if(p->next->priority<x) {
                            insert(head,p,cnt,x);
                            f=true;         //置标记变量为 true 表示找到插入位置
                            break;          //结束循环
                        }
                        p=p->next;          //p 指向下一个结点
                    }
                    //若未找到插入位置(f 保持为初值),则插入为最后一个结点
                    if(f==false) insert(head,p,cnt,x);
                }
                output(head);               //遍历链表
            }
            else {                          //输入"OUT",则删除第一个数据结点
                p=head;                     //p 指向头结点
                Node* q=p->next;            //q 指向第一个数据结点
                p->next=q->next;            //删除 q 所指结点
                delete q;                   //释放 q 所指结点内存空间
            }
        }
    }
    return 0;
}

//C 风格代码
#include<stdio.h>
#include<string.h>
#include<stdlib.h>
struct Node {                               //结点结构体类型
    int id;                                 //编号域 id
    int priority;                           //优先级域 priority
    struct Node *next;                      //指针域 next
};
//插入函数:在以 head 为头指针的链表中 p 所指结点后插入编号为 id,优先级为 priority 的结点
void insert(struct Node *head, struct Node *p, int id, int priority) {
```

```c
            //新建结点由 q 指向
            struct Node *q=(struct Node *) malloc(sizeof(struct Node));
            q->id=id;                       //给新结点的 id 域赋值
            q->priority=priority;           //给新结点的 priority 域赋值
            q->next=p->next;                //新结点链接到 p 所指结点的后继之前
            p->next=q;                      //新结点链接到 p 所指结点之后
        }
        void output(struct Node *head) {    //遍历链表
            struct Node* p=head->next;      //p 指向第一个数据结点
            while (p) {                     //当 p 还有指向时循环
                if (p!=head->next) printf(" ");//若不是第一个数据,则先输出一个空格
                printf("%d",p->id);         //输出 p 所指结点的编号域
                p=p->next;                  //p 指向下一个结点
            }
            printf("\n");
        }
        int main() {
            int T, f, i, n, x, cnt;
            char s[4];
            struct Node *head, *p, *q;
            scanf("%d",&T);
            while(T--) {
                //创建头结点由 head 指向
                head=(struct Node *) malloc(sizeof(struct Node));
                head->next=NULL;            //头结点的指针域置为空指针
                cnt=0;                      //cnt 存放病人编号,初值为 0
                scanf("%d",&n);
                for(i=1; i<=n; i++) {       //循环 n 次
                    scanf("%s",s);          //输入字符串
                    if(strcmp(s,"IN")==0) { //若输入字符串为"IN"
                        scanf("%d",&x);     //输入优先级
                        cnt++;              //cnt 增 1
                        if(i==1) {          //若是第 1 个病人,则作为第 1 个结点插入
                            insert(head,head,1,x);  //调用 insert 函数插入为第 1 个结点
                        }
                        else {              //若不是第 1 个病人,则查找插入位置
                            p=head;         //p 指向头结点
                            f=0;            //标记变量 f 置为 0 表示未找到插入位置
                            while(p->next!=NULL){ //当 p 还未指向最后一个结点时循环
                                //若 p 所指结点的后继的优先级小于当前病人的优先级,
                                //则将新来病人插入到 p 所指结点之后
                                if(p->next->priority<x) {
                                    insert(head,p,cnt,x);
                                    f=1;    //置标记变量为 1 表示找到插入位置
                                    break;  //结束循环
                                }
                                p=p->next;  //p 指向下一个结点
```

```
                }
                //若未找到插入位置（f 保持为初值），则插入为最后一个结点
                if(f==0) insert(head,p,cnt,x);
            }
            output(head);                    //遍历链表
        }
        else {                               //输入"OUT"，则删除第一个数据结点
            p=head;                          //p 指向头结点
            q=p->next;                       //q 指向第一个数据结点
            p->next=q->next;                 //删除 q 所指结点
            free(q);                         //释放 q 所指结点空间
        }
    }
    return 0;
}
```

读者可画出操作示意图进一步理解模拟过程及其实现。本题还有其他解法，请读者自行思考并编程实现。

7. 约瑟夫环

有 n 个人围成一圈（编号为 $1\sim n$），从 1 号开始进行 1、2、3 报数，凡报 3 者就退出，下一个人又从 1 开始报数……直到最后只剩下一个人时为止。请问此人原来的位置是多少号?请用单链表或循环单链表完成。

输入格式：

测试数据有多组，处理到文件尾。每组测试输入一个整数 n。

输出格式：

对于每组测试，输出最后剩下那个人的编号。

输入样例：

10
28
69

输出样例：

4
23
68

解析：

本题采用不带头结点的循环单链表求解更方便。

首先定义表示链表结点的结构体类型 Node，包含数据域 data 和指针域 next；然后定义采用尾插法创建不带头结点的循环单链表（尾结点的指针域存放首结点的地址）的函数 create、采用循环单链表求解约瑟夫环问题的函数 solve，最后调用 create 函数创建循环单链表、调用 solve 函数求解约瑟夫环问题。

create 函数采用尾插法创建循环单链表：先创建第一个结点并由头指针 head 指向，且置其数据域值为 1，然后循环 $n-1$ 次，每次新建一个结点（数据域依次置为序号 $2\sim n$）链接到尾结点（由 p 指向，其初值为 head）之后使之成为新的尾结点（由 p 指向），最后置尾结点指针域为头指针并返回头指针。

solve 函数模拟约瑟夫环出圈过程，可按如下处理：指针 p 一开始指向第一个结点，当剩余人数 n 多于 1 时循环：指针 q 指向 p 所指结点的后继的后继（即从 p 所指结点开始算的第 3 个结点），删除 q 所指结点并使剩余人数 n 减 1，使 p 指向 q 原来所指结点的后继。

具体代码如下。

```cpp
//C++风格代码
#include<iostream>
using namespace std;
struct Node {                              //链表结点结构体类型
    int data;                              //数据域 data
    struct Node *next;                     //指针域 next
};
Node *create(int n) {                      //创建不带头结点循环单链表
    Node *head=new Node;                   //创建第一个结点，由头指针 head 指向
    head->data=1;                          //第一结点的数据域值置 1
    Node *p=head;
    for(int i=1; i<n; i++) {               //循环 n-1 次
        Node* q=new Node;                  //创建新结点由 q 指向
        q->data=i+1;                       //q 所指结点的数据域值置 i+1
        p->next=q;                         //新结点链接到 p 所指结点之后
        p=q;                               //新结点成为新的尾结点
    }
    p->next=head;                          //尾结点的后继置为第一个结点
    return head;                           //返回头指针
}
int solve(Node *head, int n) {             //求解约瑟夫环问题
    Node *p=head;                          //指针 p 指向第一个结点
    while(n>1) {                           //当剩余人数多于 1 人时循环
        Node *q=p->next->next;             //指针 q 指向第三个结点（从 p 所指结合开始数）
        p->next->next=q->next;             //删除 q 所指结点
        p=q->next;                         //指针 p 指向被删结点的后继
        n--;                               //剩余人数减 1
        delete q;                          //释放被删结点的内存空间
    }
    return p->data;                        //返回最后一个剩余结点的数据域值
}
int main () {
    int n;
    while(cin>>n) {
        Node *h=create(n);                 //调用 create 函数创建循环单链表
        cout<<solve(h,n)<<endl;            //调用 solve 函数求解约瑟夫环问题
    }
```

```c
        return 0;
}

//C 风格代码
#include<stdio.h>
#include<stdlib.h>
struct Node {                            //链表结点结构体类型
    int data;                            //数据域 data
    struct Node *next;                   //指针域 next
};
struct Node *create(int n) {             //创建不带头结点循环单链表
    int i;
    //创建第一个结点，由头指针 head 指向
    struct Node *head=(struct Node *) malloc(sizeof(struct Node));
    struct Node *p=head,*q;
    head->data=1;                        //第一结点的数据域值置 1
    for(i=1; i<n; i++) {                 //循环 n-1 次
        //创建新结点由 q 指向
        q=(struct Node *) malloc(sizeof(struct Node));
        q->data=i+1;                     //q 所指结点的数据域值置 i+1
        p->next=q;                       //新结点链接到 p 所指结点之后
        p=q;                             //新结点成为新的尾结点
    }
    p->next=head;                        //尾结点的后继置为第一个结点
    return head;                         //返回头指针
}
int solve(struct Node *head, int n){     //求解约瑟夫环问题
    struct Node *p=head, *q;             //指针 p 指向第一个结点
    while(n>1) {                         //当剩余人数多于 1 人时循环
        q=p->next->next;                 //指针 q 指向第三个结点（从 p 所指结点开始数）
        p->next->next=q->next;           //删除 q 所指结点
        p=q->next;                       //指针 p 指向被删结点的后继
        n--;                             //剩余人数减 1
        free(q);                         //释放被删结点的内存空间
    }
    return p->data;                      //返回最后一个剩余结点的数据域值
}
int main() {
    int n;
    struct Node *head;
    while(~scanf("%d",&n)) {
        head=create(n);                  //调用 create 函数创建循环单链表
        printf("%d\n",solve(head,n));    //调用 solve 函数求解约瑟夫环问题
    }
    return 0;
}
```

读者可画出操作示意图进一步理解出圈过程及其实现。本题还有其他解法，请读者自行思考并编程实现。

8. 链表操作

对于输入的若干学生的信息（学号、姓名、年龄），要求使用链表完成：

（1）根据学生的信息建立逆序链表，并遍历该链表输出学生的信息；

（2）在第 m 个结点之后插入一个新学生结点并输出；

（3）删除某个学号的学生结点后输出。

输入格式：

首先输入一个正整数 T，表示测试数据的组数，然后是 T 组测试数据。每组测试数据首先输入一个正整数 n 表示学生的人数；然后输入 n 行信息，分别表示学生的学号、姓名（不含空格且长度都不超过 10 的字符串）和年龄（正整数）；接下来输入整数 m（$1 \leq m \leq n$）和一个新学生的学号、姓名、年龄；最后输入待删学生的学号（可能不存在，此时不需删除）。

输出格式：

对于每组测试，依次输出描述中要求的学生信息（参看输出样例），每两组测试数据之间留一个空行。

输入样例：

```
2
3
1201 Zhangsan 20
1202 Lisi 21
1204 Wangwu 20
2 1203 Zhaoliu 19
1204
2
1201 Lisi 20
1202 Wangwu 20
2 1203 Zhaoliu 19
1204
```

输出样例：

```
1204 Wangwu 20
1202 Lisi 21
1201 Zhangsan 20
1204 Wangwu 20
1202 Lisi 21
1203 Zhaoliu 19
1201 Zhangsan 20
1202 Lisi 21
1203 Zhaoliu 19
1201 Zhangsan 20

1202 Wangwu 20
```

```
1201 Lisi 20
1202 Wangwu 20
1201 Lisi 20
1203 Zhaoliu 19
1202 Wangwu 20
1201 Lisi 20
1203 Zhaoliu 19
```

解析：

首先定义表示链表结点的结构体类型 Node，包含学号域 num、姓名域 name、年龄域 age 和指针域 next；然后定义采用头插法创建逆序链表的函数 createToFront、遍历链表的函数 traverse、插入结点的函数 insertNode、删除结点的函数 deleteNode，最后调用 createToFront 函数创建链表、调用 insertNode 函数插入结点、调用 deleteNode 函数删除结点、调用 traverse 函数遍历链表。

createToFront 函数采用头插法创建逆序链表：先创建头结点（数据域不存放有效数据）并由头指针 head 指向，然后循环 n 次，每次新建一个数据结点链接到头结点之后，最后返回头指针。

traverse 函数输出链表中的各结点数据域的值，可按如下处理：指针 p 一开始指向第一个数据结点，当 p 还有指向时循环：输出 p 所指结点的各数据域值，p 指向下一个结点。

insertNode 函数在链表的第 pos 个结点后插入结点（若 pos 为 0，则插入为第 1 个结点），可先查找链表中的第 pos 个结点并由指针 p 指向该结点，然后将待插入结点链接到 p 所指结点之后。

deleteNode 函数在链表中删除学号为 sno 的结点，可先在链表中查找学号域值等于 sno 的结点是否存在，若存在则删除该结点；为便于删除，用指针 p（初值为 head->next）指向该结点，用指针 q（初值为 head）指向该结点的前驱（前一个结点）：在查找过程中 p 往下走指向下一个结点前，先将 p 赋给 q。

具体代码如下。

```cpp
//C++风格代码
#include<iostream>
#include<string>
using namespace std;
struct Node {                                   //链表的结点结构体类型
    string num, name;                           //学号域 num、姓名域 name
    int age;                                    //年龄域 age
    Node *next;                                 //指针域 next
};
Node *createToFront(int n) {                    //创建逆序链表
    Node *head=new Node;                        //创建头结点由 head 指向
    head->next=NULL;                            //置头结点指针域为空指针
    while(n--) {                                //循环 n 次
        Node *q=new Node;                       //创建新结点
        cin>>q->num>>q->name>>q->age;           //输入新结点各数据域值
```

```cpp
            q->next=head->next;                //新结点链接到首个数据结点前
            head->next=q;                      //新结点链接到头结点之后
        }
        return head;                           //返回头指针
    }
    void traverse (Node *head) {               //遍历链表
        Node *p=head->next;                    //指针 p 指向首个数据结点
        while(p!=NULL) {                       //当 p 非空时循环
            //输出 p 所指结点的数据域值
            cout<<p->num<<" "<<p->name<<" "<<p->age<<endl;
            p=p->next;                         //p 指向下一个结点
        }
    }
    //插入函数：在 head 为头指针的链表的第 pos 个结点后插入 q 所指结点
    void insertNode(Node *head, int pos, Node *q) {
        Node *p=head;                          //指针 p 指向头结点
        if(pos<0) return;                      //若 pos 太小，则返回
        while(p!=NULL && pos>0 ) {             //查找第 pos 个结点并由 p 指向
            p=p->next;                         //p 指向下一个结点
            pos--;                             //pos 减 1
        }
        if(p!=NULL) {                          //存在第 pos（原值）个结点
            q->next=p->next;                   //新结点链接到 p 所指结点后继之前
            p->next=q;                         //新结点链接到 p 所指结点之后
        }
    }
    //删除函数：在 head 为头指针的链表中删除学号为 sno 的结点
    void deleteNode(Node *head, string sno) {
        Node *q, *p;
        q=head;                                //q 指向头结点
        p=q->next;                             //p 指向第一个数据结点
        while(p!=NULL) {                       //当 p 还有指向时循环
            if (p->num==sno) break;            //若能找到 sno，则结束循环
            q=p;                               //q 指向 p 所指结点
            p=p->next;                         //p 指向下一个结点
        }
        if(p!=NULL) {                          //若找到学号为 sno 的结点（p 指向）
            q->next=p->next;                   //则删除 p 所指结点
            delete p;                          //释放 p 所指结点内存空间
        }
    }
    int main() {
        int T;
        cin>>T;
        while(T--) {
            int n, pos;
            string sno;
```

```
            cin>>n;
            //调用 createToFront 函数创建逆序链表
            Node *h=createToFront(n);
            traverse(h);                            //调用 traverse 函数遍历链表
            Node *e=new Node;                       //创建新结点由 e 指向
            cin>>pos;                               //输入插入位置
            cin>>e->num>>e->name>>e->age;           //输入待插入结点的数据域值
            insertNode(h, pos, e);                  //调用 insertNode 函数插入结点
            traverse(h);                            //调用 traverse 函数遍历链表
            cin>>sno;                               //输入待删除的学号
            deleteNode(h, sno);                     //调用 deleteNode 函数删除结点
            traverse(h);                            //调用 traverse 函数遍历链表
            if (T) cout<<endl;                      //若非最后一组测试则输出空行
        }
    return 0;
}

//C 风格代码
#include<stdio.h>
#include<string.h>
#include<stdlib.h>
struct Node {                                       //链表的结点结构体类型
    char num[11], name[11];                         //学号域 num、姓名域 name
    int age;                                        //年龄域 age
    struct Node *next;                              //指针域 next
};
struct Node *createToFront(int n) {                 //创建逆序链表
    //创建头结点由 head 指向,并置指针域为空指针 NULL
    struct Node *head=(struct Node *) malloc(sizeof(struct Node)),*q;
    head->next=NULL;
    while(n--) {                                    //循环 n 次
        //创建新结点由 q 指向
        q=(struct Node *) malloc(sizeof(struct Node));
        scanf("%s%s%d",q->num,q->name,&q->age);     //输入新结点各数据域值
        q->next=head->next;                         //新结点链接到首个数据结点前
        head->next=q;                               //新结点链接到头结点之后
    }
    return head;                                    //返回头指针
}
void traverse (struct Node *head) {                 //遍历链表
    struct Node *p=head->next;                      //指针 p 指向首个数据结点
    while(p!=NULL) {                                //当 p 非空时循环
        printf("%s %s %d\n",p->num,p->name,p->age);//输出 p 所指结点的数据域值
        p=p->next;                                  //p 指向下一个结点
    }
}
//插入函数:在 head 为头指针的链表的第 pos 个结点后插入 q 所指结点
```

```c
void insertNode(struct Node *head, int pos, struct Node *q) {
    struct Node *p=head;                        //指针 p 指向头结点
    if(pos<0) return;                           //若 pos 太小，则返回
    while(p!=NULL && pos>0 ) {                  //查找第 pos 个结点并由 p 指向
        p=p->next;
        pos--;
    }
    if(p!=NULL) {                               //存在第 pos（原值）个结点
        q->next=p->next;                        //新结点链接到 p 所指结点后继之前
        p->next=q;                              //新结点链接到 p 所指结点之后
    }
}
//删除函数：在 head 为头指针的链表中删除学号为 sno 的结点
void deleteNode(struct Node *head, char sno[]) {
    struct Node *q, *p;
    q=head;                                     //q 指向头结点
    p=q->next;                                  //p 指向第一个数据结点
    while(p!=NULL) {                            //当 p 还有指向时循环
        if (strcmp(p->num,sno)==0) break;       //若能找到 sno，则结束循环
        q=p;                                    //q 指向 p 所指结点
        p=p->next;                              //p 指向下一个结点
    }
    if(p!=NULL) {                               //若找到学号为 sno 的结点（p 指向）
        q->next=p->next;                        //则删除 p 所指结点
        free(p);                                //释放 p 所指结点内存空间
    }
}
int main() {
    int T,n,pos;
    char sno[11];
    struct Node *h,*e;
    scanf("%d",&T);
    while(T--) {
        scanf("%d",&n);
        //调用 createToFront 函数创建逆序链表
        h=createToFront(n);
        traverse(h);                            //调用 traverse 函数遍历链表
        //创建新结点由 e 指向
        e=(struct Node *) malloc(sizeof(struct Node));
        scanf("%d",&pos);                       //输入插入位置
        scanf("%s%s%d",e->num,e->name,&e->age); //输入待插入结点的数据域值
        insertNode(h, pos, e);                  //调用 insertNode 函数插入结点
        traverse(h);                            //调用 traverse 函数遍历链表
        scanf("%s",sno);                        //输入待删除的学号
        deleteNode(h, sno);                     //调用 deleteNode 函数删除结点
        traverse(h);                            //调用 traverse 函数遍历链表
        if (T) printf("\n");                    //若非最后一组测试则输出空行
```

```
        }
        return 0;
}
```

　　读者可画出示意图进一步理解创建逆序链表、插入链表结点和删除链表结点等操作及其实现。

参 考 文 献

[1] 黄龙军. C/C++程序设计[M]. 北京: 清华大学出版社, 2023.

[2] 黄龙军, 沈士根, 胡珂立, 等. 大学生程序设计竞赛入门——C/C++程序设计（微课视频版）[M]. 北京: 清华大学出版社, 2020.

[3] 何钦铭, 颜晖. C语言程序设计[M]. 4版. 北京: 高等教育出版社, 2020.

[4] 钱能. C++程序设计教程（通用版）[M]. 3版. 北京: 清华大学出版社, 2019.

[5] 钱能. C++程序设计教程详解——过程化编程[M]. 北京: 清华大学出版社, 2014.